品位大宅

BIG HOME

HIGH-END RESIDENCES IN CHINA

中国高端住宅设计手册

陈卫新　编

辽宁科学技术出版社
·沈阳·

INTRODUCTION

常常听到有人说，家是身体与灵魂的栖息之所，有物质属性的一面，更有精神属性的一面。柴米油盐酱醋茶，琴棋书画诗酒花，物质与精神从来不是孤立的。生活的日常，显现为每一个人的具体情况，差异最大的永远是精神属性的那部分。对于居住来说，我们自然会在意生活空间的舒适度。房子或大或小，或是贵重的，或是比较经济的。总之，我们总是千方百计试图让自己与家人住得更好一些，有精神属性的追求。

人类除了怀旧，也对新的、未来的充满探知欲。在日常生活中，我们似乎总是觉得自己居住的宅子少了一间房，就好像女人的衣柜里永远缺一件衣服，这也许是一种持续对美好生活的期待。但生命的本质不就是这样吗？刚刚毕业工作的时候，曾寄居在一个筒子楼的楼梯道下面，大约只有 4 平方米多，没有窗，只能放下床与一个半高的柜子。很难想象，自己曾经在那样一个逼仄的斗室里生活工作，甚至还做过几个比较大的空间设计。设计师的成长过程，实际上就是空间理解力与生活方式理解力的成长过程。在这本书里选择的案例，都是慎重的选择，都是呈现了近年来大宅装饰设计的不同风格、不同趣味的优秀作品。古诗里说"始知真隐者，不必在山林"，所以大宅之居，有别于别墅，也有别于一般公寓，它的空间更富于变化。也许可以让我们在生活起居的空间里，多一些可以静处的片段，书房的一张沙发，拐角的一个小阳台。没有一个人不是孤独的，孤独感永远是人生的必需品，这是人的优越性。

编辑一本有关"大宅"的书是困难的，也许我们无法具体界定"大宅"的"大"的边界是什么，但很清楚的一点是我们必须为充满个性的一群人，提供更多设计理念、设计思路，而不是简单的照片样本。因为生活的美好在于生活本质的差异性，而不是形式形象上的重复与相像。房子从来不等同于"家"，建筑之美因人的生活方式而精彩。

陈卫新

CONTENTS

目录

CHINESE ZEN STYLE

中式
禅意

EASTWARD LOOKING VILLA, ZHENGZHOU

郑州
美景
东望别墅

设计单位：HSD 水平线室内设计有限公司（北京 / 深圳）
设　　计：琚宾
参与设计：刘胜男、陈道麒、葛丹妮、聂红明、秦雄雄、吴晓婷、刘小琳
面　　积：500 平方米
坐落地点：河南郑州
摄　　影：井旭峰

琚宾

HSD 水平线室内设计有限公司（北京／深圳）创始人、设计总监；中央美术学院建筑学院、清华大学美术学院实践导师。

"小 白"

很多年以前听过一个关于豆腐汤的故事——用各式好料熬就，最后只取汤汁，放几块老豆腐吸油、正味，呈上时，看上去就是一碗清爽简单的豆腐汤。

我给这套房子起名为"小白"，很简单的名字，是描述，也是定义。项目在郑州，上下5层，面积500多平方米，是东望别墅楼盘中4套样板间之一。从建筑阶段开始的设计总是会比平常的多出一些可能性来，有围合的下沉式庭园，有伴着庭园的廊桥与回廊，有挑高的会客空间，有可以用于放空的天井园林，也有空间之间的透、露组合给予后期的多重不同体验的空间形式。当这些空间的基本元素组合出动线的同时，也形成了这个住宅的性格与表情。墙与墙本身、与家具、与艺术品的关系通过建构对话，光作为伴奏始终参与其中，形成一种语言，空的语言。"小白"，是真实的空间对话。

在我看来空间造型代表着一种向往，是可以由着人的情操自生的。从潜在的状态导向现实的状态，从在场的东西引出不在场的东西，如果单从精神境界方面解读，那么，不能说空间从设计而出，而是经过设计，将这种空间还原了。其中的多处留白，是对空间本质的呈现，也是对情境塑造手法的剥离。建筑立面在地性十足的黑灰色石材，空间围合构

建的氛围以及以后生活方式的倡导，都在试图指向某种更有精神层面意义的中国乃至东方。这或许是我现阶段对文化解读的一种路径，一种内心的抒发和阐释的说法，但并不排除其作为空间本身所具有的积极意义。

在这个空间里，有亲近，有疏离；有柔情，有豪放；有素净，有闷骚；有严谨，有洒脱……在其中，包含了我期望的精神世界里的大部分主题。于是或许可以这么说，每一个身处其中的人，都能在不同的生活状态或情绪里，找到和这个空间属性相契合的点。

中国音乐中有道调、儒调、黄老调，无论是仙意渺渺还是雅乐飘飘，都应该是平和、干净、婉转、耐听的。为了使室内气韵有音乐的变化，我借屏风这个载体，给空间映了种颜色，其上是抽象提取的荷叶、荷梗图案，既有美观功能的同时，又兼顾了文化属性。色彩明媚的艺术品点缀其间，属于高音符，属于点睛回神的那声，属于内里认知修养的反映。陈设品中的陶罐、木雕、石雕对应着传统审美的高古与拙美。空间中有空性，空性中透着静寂，静寂中并无凝滞，内在跳跃。整体空间追求光明而非明亮本身。在我看来，光明感是种不可或缺的从容，是内心的向往，是情绪上的激荡，是一种气魄和精神。

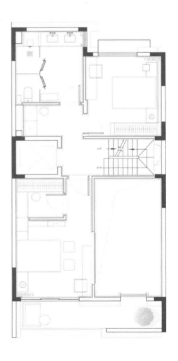  

VILLA BESIDE QIAN LAKE

钱湖沐桥

设计单位：宁波 FEN+ 室内设计工作室
设　　计：张奇峰
软装设计：张奇峰、袁霞
面　　积：380 平方米
坐落地点：浙江宁波
摄　　影：刘鹰

张奇峰

毕业于中国美术学
院，宁波 FEN+ 室内
设计工作室创始人、
设计总监。

慵懒的家

"现代空间的设计核心并不是视觉和风格，
是家的温度。"业主周女士非常喜欢传统文
化，茶道、花艺、诗琴……但她同时又非常
具有国际化视野和思维，经营着多个国际一
线家居品牌，所以她自己的家里，必须要有
她生活中不可缺少的东方元素和空间氛围载
体，也要有时尚而轻松的现代居住氛围。

这个别墅是 4 层的结构，地下 1 层，地上 3 层，
建筑面积 380 平方米左右，房子的平面格局
相对比较细长，一定程度上来说，原户型的
开门位置和动线方式会有相对不利的 3 个方
面：一是会导致入户动线较长，空间的实用
部分损失较大；二是格局上厨房和餐厅会比
较小，没有别墅空间应有的舒适感；三是如
果不改变入口位置，那么可调动余地很小，
且调动后不同空间的比例相对会比较尴尬。
所以在空间破局的关键上，更改了入户动线，
从院门进入走一条折线，将入户门开到了房
子的中部位置，这个处理方式，不仅使得入
户的方式有了曲径通幽、豁然开朗的仪式感，
并且在入户的储物、顶部的避雨等环节，给
出了更多的后续效果。更重要的是，如果说
原先的房子是凹字形的细腰结构，那么改动
之后，完成了对细腰部分的结构弥补，二、
三层又变成了口字结构，空间不但更为方正，
且实际利用面积得到了巨大的补充，空间变
得更为充裕。

房子的入口改变之后，入户有了一个漂亮的
玄关，左边是客厅和外展的花园，右边是餐
厅和厨房，无论动线、格局还是空间的尺度
都十分出色，而楼梯就在入户门的右手边，
可以说，入户所处的动线核心位置，使得平
面交通和垂直交通都十分方便，视线和行动
都没有什么阻碍。玄关选用了一副色彩明快
的现代主义装饰画，主人可以搭配一些日常
的花艺，不时地换换心情。餐厅的设计简洁
明了，靠窗是工作台水吧，餐桌旁是岛台，

独立的中厨空间是由原结构的入户门改建而
来，移门分隔，阻隔油烟。

客厅的视觉呈现是十分当代和前卫的，写意
空间的客厅家具置放在这里，呈现一种独立
女性的自信和洒脱。女主人爱养猫，个性里
也蕴含了老猫的敏感和慵懒，所以，应用了
懒人视觉的手法来打造这块区域。什么是"懒
人视觉"呢？就是我们常常说的"葛优躺"
的视觉中心，在这里整个视线是拉低的，这
里挂的灯离地只有 90 厘米，画的中心点也
只有 1.2 米（我们正常的视觉中心应该是 1.5
米左右），再加上写意空间的趴地而坐的"哈
巴狗"椅，懒人空间就打造完毕。

地下一层是周女士休闲、阅读、聚会的空间，
这里有琴房、茶室、内庭院以及开放的空间
适用于不同的场景，也具有较大的容纳度。
二层、三层是卧室，其中二层是主人的主卧
套房和洗晒空间。三层是两个客房。二层由
于户型的拓展，空间显得非常灵动和舒适，
主卧部分的设计用色简单明快，气场十足，
卫浴空间黑白分明，现代感十足。设计并没
有用一种风格去定义这个空间，而是在寻找
一种方式去匹配屋主的气质和她的生活方
式。私宅设计的主要任务，就是要根据客户
的气质量身定制专属的空间。

设计师会想象女主人在这个空间中的状态，
想象她如何进家门，如何坐下，如何品茶阅
读，如何与她的爱猫嬉戏……她的视线在什
么位置，友人的书画如何和空间和谐，灯光
和智能配置等……所以这个家的很多物件的
高度以及器材的位置其实是为了周女士而设
计的，让她在家里保持轻松的状态，看到家
里最美的一面。生活的许多趣味，就在于和
自己喜欢的东西待在一块，然后家就可以变
得很有温度，那是一种暖到心里的感觉。

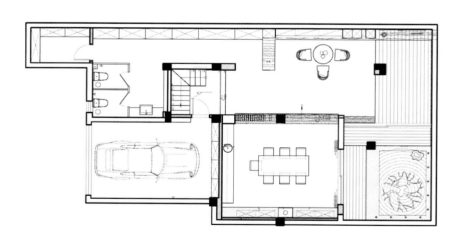

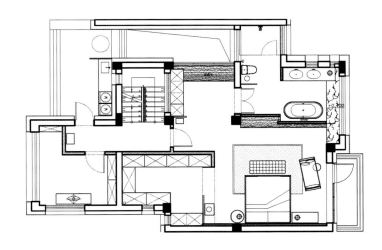

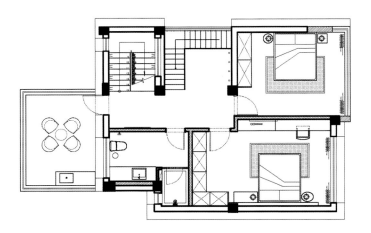

CHUAN VILLA
川墅

设计单位：迪笙设计（深圳）有限公司
设　　计：谢迪生
参与设计：李罗旺、周富城、曾吉山
软装设计：深圳文陈设艺术设计有限公司 | 文雪
面　　积：720 平方米
坐落地点：广东深圳
摄　　影：Bm Studio | 彦铭

谢迪生

2015 年成立迪笙设计（深圳）有限公司，致力于打造一个专业服务于中小型商业品牌的设计团队。喜欢研究光在空间的呈现，推崇功能主义美学。

隐居都市的时光秘境

松尾芭蕉先生曾说："把生命浪费在美好的事物身上，寻常生活也可以过得怡然自得。"项目位于远离都市喧闹的深圳东岸——大鹏半岛，依山傍水，鸟语花香；蝉噪林逾静，鸟鸣山更幽。注入一丝东方禅意之气，清风徐来，安适如常，在喧闹的都市中寻觅一丝惬意时光。

阳光透过落地窗户，穿过客厅一直延伸至走廊，光线在地板上变换着、舞蹈着，柔和了空间，增添了温度，为"家"温柔了时光。空间以亚金属结合大理石的稳重，弧形的设计柔化了硬朗的空间，现代感的艺术座椅延伸了窗外的自然景观；为静素的空间增添了一分活泼之感。顶棚采用特殊环保材料，与地面的反光相呼应，让自然光最大程度地延伸入客厅的每个角落，不仅明亮了空间，更使得居住体验感尤为通透。设计师希望通过多样的材料变化同时将空间的层次感、材料的品质感与设计的艺术感合而为一。

光线一直延伸至茶室走廊，温柔了岁月，慢放了时光。踏着温热的夕阳，静坐于此；轻嗅微风带过的木质芬芳，延续业主对代表日本禅意的茶道之爱。设计师以"无中万般有"的禅宗思想作为设计理念，去掉一切人为的装饰，回归质朴，追求至简至素的情趣。可移动的木格栅，在影影绰绰间，增添一抹纤巧灵动的意境。希望通过茶道的恬静和朴素，将居住者平日的繁忙操劳之心得以释放，以达到对"和敬清寂"的精神追求。幽玄之古美，是一种无限深幽之处的无限意境之美，随着太阳的东升西落，茶室空间的情绪也是不断变换着，尤其是落日黄昏之际，在幽暗茶室中，简单的眼神和无言的会意，有种心领神会的幽深玄美。暖色的地灯为质朴的茶室烘托了几分暧昧之气，傍晚之际与友人相约，品上一瓶日本清酒，畅聊人生之道。

对于年轻的一代，生活不仅需要诗和远方，也需要及时行乐。负一层的客用餐厅摒弃了传统的中式围桌，以直线条的设计，将娱乐及休闲区与用餐区域连贯起来，延续了客厅的高雅气息，结合了落地手绘艺术油画。圆形茶几与方正石台、块面相对，既柔和棱角，又塑造张力。将艺术生活的品质感打造得尤为细腻。隐藏式灯带将空间无限延伸，提升了空间使用体验感的同时，让居住者能在此空间得以放松；即便是好友相聚也能在贯通的空间中交流自如。岩板的庄重与黑金的神秘打造出别样的"侘寂"之感，空间的铺叙看似平淡素雅，设计将思考的切面还原到居住，将生活的所有降回本质，由此映射出居住者日常的充实和情感的丰富。

移步换景，直梯包裹电梯一路向上，到达二层的私密起居空间。包豪斯式的现代窗户，成为走廊墙面上的独特装饰。主卧依旧延续直线条的空间动线，棕木地板与米白麻质的墙面结合，床头的日式手绘帛画将空间层次感巧妙勾勒。起居生活与窗外自然的呼应，让净、简、素的基底更具活力与生机。顶棚以东方气质的梁柱结构与现代家具形成了东西碰撞之感。以梁柱围包灯带，形成间接照明，烘托卧室应有的温馨氛围。夜幕之下，促膝长谈；让温情在此空间绽放。衣帽间以移门式设计作为空间隔断，棕色桃木的质朴质感映射出高贵的生活态势。卧室选用单纯的灰调与温和的材质，散发安宁恬静的气息，忠于空间的本质功能。生命在于适当留白；开了窗，光，才能进来。

在设计师的理解中，当人的精神足够自由的时候，纳入其眼里的，不只有物象呈现的美感，更有物象呈现着的灵魂生命而引起的共感。因而此处的设计以空灵反衬境界的丰实，使人在摇曳荡漾的律动与和谐中，引发无穷的意趣、绵渺的想象。手舞足蹈的雕塑尤为生动活泼，从侧面展示了业主的生活情趣。

"家"，不仅是生活的空间，更是精神的栖息地，家之所在，心之向往！

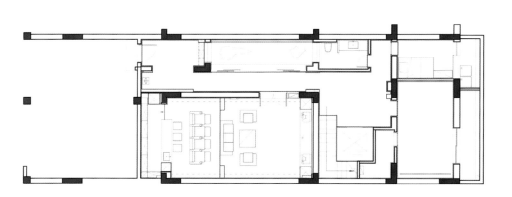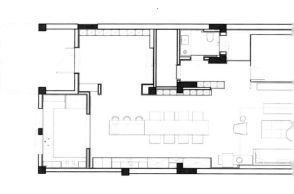

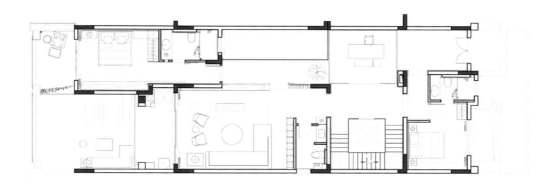
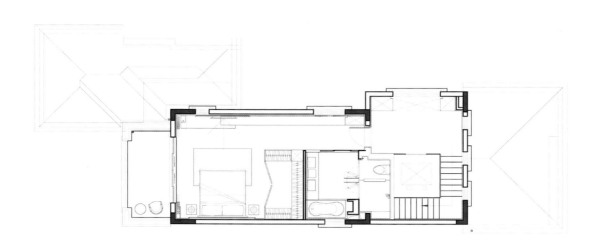

XIE KE'S
VILLA
谢柯自宅

设计单位：尚壹扬设计
设　　计：谢柯、支鸿鑫
家　　具：壹集
面　　积：500 平方米
坐落地点：云南大理
摄　　影：偏方摄影 | 石梓峰、杨轻轻

谢柯

尚壹扬设计创始人兼
设计总监，毕业于四
川美术学院，从事
设计 25 年。

山水间

谢柯说："大理，是重庆之外唯一想住下来的地方。"

从 2000 年初，谢柯就每年来大理，慢慢地，越来越熟悉也越来越喜欢，很多朋友来了就待下来了，而物欲不强的谢柯一直觉得喜欢不一定拥有，保持一种距离也好。于是，不停地来大理，住朋友家，或者住熟悉的客栈。前几年，突然有种想抽离城市的想法，马上就想到了大理，大理对谢柯来说，就像避风港。之所以找到山水间这处房子，因为视野好，背靠着苍山，面朝洱海，又在古城边上，朋友们也都住在附近，第一次看就没犹豫地定下了。

因为是小区房，并不能做太大的改动，于是改动就从内部和一些开窗的调整开始。建筑本身是"U"形的别墅，大部分都填满成"口"形，谢柯并没有，而是利用这个凹进去的部分设置了一部从底层到二层的楼梯，而在大格局上还保留"U"形的样貌，这样楼梯就分成了两段：连接一、二层的公区楼梯和连接楼上卧室区的楼梯，使得公区和卧室互不干扰，空间也变得灵动有趣。

现在的一层原本是"地下室"，而这套房子的"地下室"实际上是在地上的，外面就是环抱的花园，所以，谢柯把进大门后的流线直接引到楼下，"地下室"就变成了真正的一层，经过一段下行的楼梯，直接进到小门厅和客厅。客厅是一种自由的布局，有围坐的沙发，有壁炉前的小组合，有小水吧前的圆桌。一般早上阳光从东面照进来，可以把音乐打开，坐在小圆桌喝杯咖啡翻几页书。早上厨房也是充满阳光的，厨房和餐厅在二层，厨房设在东面，开放式的大厨房，功能齐备，在大理的阳光里烹饪一顿早餐也是蛮

惬意的，餐厅外面有个很大的露台，外面就是大理著名的"樱花谷"，春天会被周围满满的云南春樱包围。

客房一共 5 间，一层的一间是谢柯最常住的，外面就是花园。二层以上每层楼都考虑了休息区，谢柯说"想让房子透气些"，所以每层楼都是南北通透的，而楼梯在每层楼也都巧妙地开了个窗洞，这样整个上楼的过程就是个景致变换的过程。走到顶层，除了一间视野最好的卧室，就是小厅了，小厅有书房的意味，又有可以围坐的区域。小厅外面是看苍山的露台，这里看苍山的角度很美，无论是阴雨天的雾气还是傍晚的晚霞，或者是晴朗的夜空都是美的。小厅朝南，终日被晒着，冬天这里是最温暖的区域。

在设计上，射手座的谢柯说："把功能和空间梳理好，把门窗和柜橱做好，不为了装饰而装饰，做到最简单最随意。"所以，墙面就是干净的白，白墙的肌理是谢柯在工地跟师傅们随意刮出来的，而木作则是有很多漂亮的细节，这群老匠人都是跟了谢柯二十几年，彼此熟悉，所以很多默契也就有了，有时简单的沟通就可以，甚至不用图纸。

简单的空间里，都是谢柯喜爱的家具和艺术品。而这些，大部分来自谢柯的生活美学店"壹集"。"壹集"从世界各地搜罗美物，有欧洲当代的，也有来自东南亚、中国、日本、甚至非洲的民间旧物，没有标准，所有标准就是他认为美的。而艺术品，都是谢柯的日常收藏，有好友的画，也有跳蚤市场买来的。

这个家，有轻松自在，有简单的日常，让谢柯在重庆之外，得到一处安心之所。

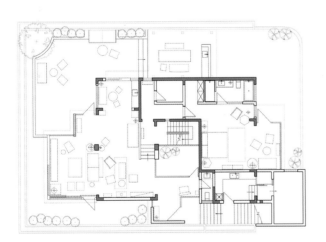

MODERN LUXURY STYLE

现代
轻奢

COURTYARD No. 1
北京壹号院

设计单位：DIA 丹健国际
设　　计：张健
参与设计：周晟、邵俊兵、张卫
软装设计：谈翼鹏
面　　积：500 平方米
主要材料：雅典娜灰、珊瑚海、染色木皮、不锈钢
坐落地点：北京
摄　　影：罗文

张健

2003 年毕业于上海交通大学，获硕士学位，同年赴德国柏林艺术大学深造并参加工作；2010 年与深圳、德国的合伙人共同创立 DIA 丹健国际。

这个位于三环大湖边，毗邻朝阳公园、三大使馆区，被视作融创 TOP 系标杆产品的豪宅项目，因为最高成交单价已经接近 30 万，被誉为中国豪宅的"顶豪之王"。在这个项目中，设计师摒弃了过往豪宅设计惯用的装饰繁复、金碧辉煌等手法，采用国际化的简雅风格，凸显空间的精英品位。财富的积累与社会上的成功给了这些富豪们足够的自信，他们不再需要那些张扬的、烦琐的、炫耀式的符号来凸显自己的地位，多有海外生活背景的他们对自己的审美充满自信，更加关注内在的精神世界及切实需求。私密、温暖、现代化、国际化以及独特个性成为他们对居所的核心要求。设计师大量使用亚光面、皮革、茶色金属以及布艺软装，配合素色材质，融入国际化设计手法，强调精英品位的同时，着力打造空间的舒适性与实用性。

北京壹号院的建筑设计在玻璃幕墙式住宅和大平层官邸的成熟理念基础上进行了创新，利用曲线穹顶的设计搭建出顶层的复式空间。室内设计时在复式上层室内的设计中充分利用这一独有的建筑特色。玄关、客厅、餐厅这 3 个家居中较为公共的功能区域围绕室外庭院依次展开，黑色与白色体块在庭院室内围墙处产生交错穿插关系，强调了特色庭院在整个空间的主导地位，体现出设计师对空间的高度敏感性。层叠的顶棚及简雅高冷的配色强化了穹顶的存在，最大化引入室外怡人景色。复式下层主要为供家庭内部使用的卧室、卫生间、起居室，设计手法以体现舒适性、私密性为主。材质的选择多用染色木皮、地毯等，配色多用令人宁静的灰色及棕色，带来舒适安静的感受。

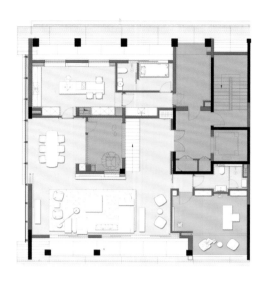

FUTURE MOUNTAINS II VILLA

绿城·
安吉桃花源·
未来山 II

设计单位：W.Design 无间设计
设　　计：吴滨
参与设计：洪奕敏、蔡露、周一叶
软装设计：WS 世尊
面　　积：674 平方米
坐落地点：浙江安吉
摄　　影：偏方摄影工作室

吴滨

跨界艺术家、著名设计
师；WS世尊 / W.Design
无间设计创始人。

回归自然
的
场所精神

在尊重自然和保护生态的原则下，绿城·安吉桃花源·未来山Ⅱ最大限度地利用和发挥周边自然环境的资源优势，用当代的手法将人与自然的关系，以时间、空间、光为纽带，融合时代环境并进行再创作，实现"天人合一"的境界，创造一座让人在精神上可以获得饱满力量的空间。

房子沿着山脊而建，山势渐次抬升，从自然的环境中生长出来一条竹林小径。我们拾级而上，进入到铺开在纯粹大山大水间的空间，感受人与自然充分的交流，游离尘嚣之外。步入室内，近处水景、枫树和远景山峦、青竹被引入室内，通过一整面玻璃墙框景成画，挥洒出蓬勃无尽的自然气韵。

旋转楼梯成为空间转化关系的交叉点，同时梳理空间秩序，界定出餐厅、客厅的空间关系。一层主客厅的开阔的结构，让空间融入天地自然之中，其间穿插木格栅为空间梳理视线。环绕的露台将室内和山峦竹林拉近，成为温暖气质和宏大精神的连接点。

户外露台作为室外与远山的过渡空间，庭院般流动的空间呼应大自然的场所精神。在毫无遮拦的亦内亦外悬挑户外，夕阳下的层林尽染，在松风中感受物我两忘。透明悬空的泳池，似一个晶莹的蓝水晶飘浮在山间，黑夜池底部闪耀的点状灯光，有如水中繁星，遥应星际宇宙的广博。

离山体零距离的地下一层，设计思想更是光的演绎和献礼。东方建筑的中格珊门透着光影，可开可合，随着中轴线的转动，灵动地跃于空间。光影跃动在草编元素的艺术作品上，在粗拙的石灰石材质茶几上，在似云似墨的地毯上，配合回响在山间的音乐、跳动的炉火，山居氛围被推至顶点。

TOMSON
RIVIERA

上海
汤臣一品

设计单位：W.Design 无间设计
设　　计：吴滨
参与设计：洪奕敏、蔡露、周一叶
软装设计：WS 世尊
面　　积：767 平方米
坐落地点：上海

吴滨

跨界艺术家、著名设计
师；WS世尊 / W.Design
无间设计创始人。

从山居到隐市，自别墅至豪宅，作为时代的思考者，W.Design 无间设计为不同类型的项目赋予独一的价值，此次上海汤臣一品的豪宅项目创作中，除了考量其豪宅地位和面向人群之外，更在上海之巅，为其附加东方的宁静力量。如何为巅峰打造日常？基于上海汤臣一品对豪宅实用性需求的深刻理解，设计师从空间尺度到感受的标准，为汤臣一品设定了东方精神的秩序。整体以大量留白和东方气韵贯穿，在"摩登东方"的理念中尝试空间的诗意表达，追溯中国园林背后所积聚的文化力量及诗意经验，重构当代日常栖居的诗意实践。

我们赋予空间的力量，都会被加倍回应。6个房间、约120立方米的收纳系统、可移动衣帽间……空间感与实用性细节经过再三思忖，公共空间保持了恢弘、精致的气质，而每位家庭成员的日常需求被充分满足，空间对人的关怀处处可见。进入室内，随着人的移动，空间在金属网装置的开口中缓缓展开，恰如中国园林概念中的"深远与不尽"，庭院般流动的空间，暗含了光的变化、时间的永恒，交叠出空间诗意。

室内设计，离不开建筑命题。在挑空客厅的营造中，W.Design 无间设计大量运用建筑的手法：挑高两层的结构本就是建筑的构件；灵感来源于宫殿的穹顶，将圆形穹顶切割成1/4后纵向拉长，成为客厅的主背景，其皮革表皮呈现温润的状态；作为空间核心的水泥肌理茶几，凹凸的空间关系与挑空建筑、拱形火炉形成呼应关系。除了形式的艺术和雕塑感，设计师更注重空间给人的精神性。整体墙面以石灰石营造柔和质感，留白的墙，只被行云流水的线条勾勒。所有陈设都遵循着一套内部法则：结构感、建筑感在沉静的灰色调中贯穿而一，这种若对比的手法，灵感源于杉本博司的摄影作品，用柔和的方式营造内心平静而又饱满的力量。

空间的整体设计，基于居者日常需求，规划出更合理的布局。原本餐厅位于楼梯一侧，作为承载家风传统的聚合场所，应当赋予其最具仪式感的位置。于是，独立的餐厅空间被规划成临江景观区。以家族聚合为思，将圆的关系渗透至空间细节：圆形的顶，映衬圆形的地；造型极具张力的餐椅，围置于圆形餐桌外；玉石质感的粉色大理石餐桌，赋予空间柔美气质。不锈钢的有机形态边柜又将人引入魔幻，古铜底座以时光痕迹，晕染出抽象水墨画意，过往、当下与未来交织出东方的灵魂。

楼梯，是空间贯穿，也是艺术形态。外侧、底部整体被木作包裹，内侧踏步以灰色牛皮铺陈，精致细节的铜构件，勾勒行径。楼梯内侧扶手，特别考量了孩子的使用高度，增强安全性与舒适度。粗的铜，与手指交换温度；细的铜，收笔轻盈落地，整个楼梯被隐隐绰绰的灯光点亮。

出于对居者生活的深度思考，二层宽阔的走廊空间，被设计为可停留、可观景、可小酌的第二起居室，成为家人情感连接的纽带。空间存在于当代建筑语境，而语境的评判标准，来源于居者内心的诗意。在二层主卧里规划新的秩序，木饰与凹凸感麂皮绒墙面，二者的颜色、材质相辅相衬，作为白色帷幔床榻的背景，更显利落。主卧衣帽间的设计，融入斩获国际大奖的智能可移动衣柜，收纳空间增加一倍，打造超越极限的私人衣物收藏馆。

女孩房背景墙来自纽约艺术家、设计师的定制产品，独一无二，活泼的色彩晕染，宛如水墨渲染。床头、陈列柜、衣柜，呈现整体的圆润柔软形态。书房的设计，线条简洁利落，亚麻墙面与壁灯的艺术装置搭配，书架不仅用来陈列书籍、植物，更陈列着几何构成的建筑感装置，宁静之境与空间的书香气韵共同突显。

天地之间，东方意境，归于心间。为当下融入"摩登东方"的注脚，以先行思考，重塑当代豪宅，这是诗意栖居的未来，更是居住的回归。

PENTHOUSE AT PARK LANE MANOR

南宁
华润幸福里
PENTHOUSE

设计单位：朗联设计
设　　计：秦岳明
参与设计：李明、谢学琛、龙小勇、余让双、罗阳
软装设计：IN SPACE・空格
面　　积：1086 平方米
主要材料：灰色大理石、木饰面、玻璃、皮革、布艺、金属
坐落地点：广西南宁
摄　　影：Ingallery

秦岳明

朗联设计创办人、设计总监，深圳大学艺术学院客座教授，中国当代著名建筑室内设计师，中国建筑学会专家库专家。

云端之作
自在居所

顶级豪宅的定义并不是昂贵材料的堆砌、奢侈品牌的拼凑，而应源于对生活的态度与温度，源于对家的诠释和理解。在这里，形式被弱化到极点，呈现的只是空间的本质。从建筑阶段就开始着手于室内空间的设计这种由内而外的手法，给整体项目带来了更多的可能性。经过反复的推敲和分析，便有了建筑退让出的南边庭院，与此相连挑空两层的会客空间，浮于水面的楼梯，还有与客厅相通的二层空中艺廊以及品鉴区。空间是安静的，独立而不张扬，光作为另一种语言契合其中。我们追求光明的本质而非明亮本身，于缄默中构建"自在"的从容。

"自在"是我们赋予这套 Penthouse 的定义，在其中你能找到大部分的对精神世界的期望：可以放松，也可以严谨；可以喧闹，也可以安静；可以亲近，亦可疏离；可以纯真，

亦可独立。自在的生活抑或是各色的情感，你都可以在其中找到契合的空间属性。

在这里，形式被弱化到极点，呈现的只是空间本质，公共空间更是如此。在留白的空间里，墙作为构建的实体已被模糊，主角退让给其中的家具、艺术品、身在其中的人及他们的行为。

设计不仅是为了解决空间上的问题，更应为客户解决设计之外的问题。不只设计是艺术，真正的生活才是艺术。正如这套市值过亿的 Penthouse 一样，经过朗联设计团队的精心打造，演绎出实实在在的奢华。这种奢华，基于整体空间秩序、功能及细节的把控，但又超越物质，是来自艺术远见和追求内在的自在心境！

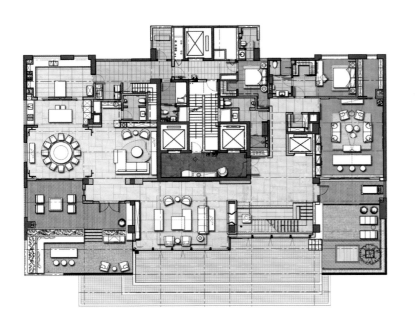

LIFE READING
VILLA
阅读生活

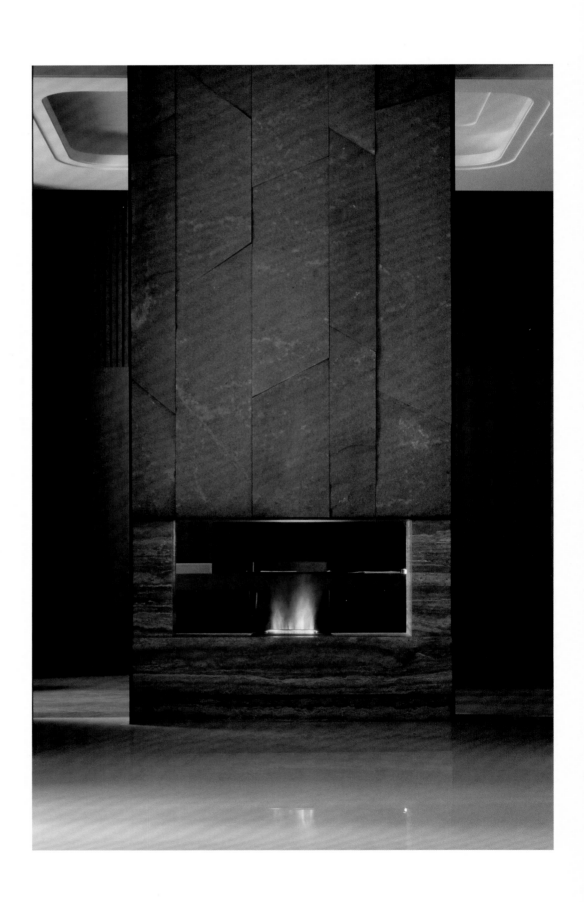

设计单位：天坊室内计划
设　　计：张清平
软装设计：千江艺术事业股份有限公司
面　　积：1700 平方米
主要材料：石材、木皮、铁件、玻璃、定制木地板
坐落地点：中国台湾
摄　　影：刘俊杰

张清平

中国台湾室内设计行业中首个
德国红点设计大奖的获得者，
以深度提炼的设计思考，忠实
反映空间与使用者的内涵，将
人与空间的价值形于外，赋予
不一样的体验与感动。

整体设计以独创的空间蒙太奇手法，将当代
西方的建筑高科技技术，注入经过淬炼后的
东方风格之中。环境能在潜移默化中赋予人
的感知。美感，更不仅止于视觉表层。设计
师透过设计与材质所产生的对话，联系空间
与人，启动人与未来的连接，创造空间的人
文故事。大尺度赋予空间与使用完全不一样
的条件。空间地下 1 层，地上 5 层，再加上
顶楼的挑高典藏图书馆，共 7 层，使用面积
超过 500 多平方米。从空间的尺度即可感受
到业主所欲创造的非凡气度，因此对于空间
定位，所想创造的不只是在风格上让人惊艳，
气度与机能更是无与伦比。

设计师以顶级休闲品位生活为概念：在地下
一层为主人规划出宽敞的视听室及品酒区，
休闲与品位空间的氛围，连成一气；艺术走
廊是一种不同以往的设计，突出一般豪宅所
没有的功能，使得私人空间的规划拥有艺术
建筑般的气派。不仅与主体建筑的体量相呼
应，而且有无法一眼望穿的宏伟。同时串联

整个地下一层的休闲功能，也可独立成为一
个对外开放的区域，创造整栋建筑的开放与
私密自然分离的格局效果。一层特设的客厅
结合休憩区与会客厅，通过形体和室内空间
的丰富变化来彰显尊贵的个性。主卧房单独
配备男女主人的更衣、洗浴空间，根据男女
主人不同的使用要求，分别附设书房、大型
化妆间等机能。

五层呼应地下一层的人文休闲、品位人生概
念，为主人打造出梦想中的品味宴客空间，
在杯光交错之间可以自在地与宾客交流；顶
楼的图书典藏馆，以美术馆的空间概念为发
想；挑高处理可尽摆大量收藏，满足主人收
藏与展示的喜好。大尺寸墙面将收藏艺术化
处理，成为空间中最美的视觉焦点。整体设
计，可谓是一种新东方与时尚元素的交融：
在冲突之中，创造一种合理的诙谐；在空间
之中，完美融入当代东方美学；在建筑与非
建筑之间、空间与设计之间跨界，成就豪宅
美学的极致追求。

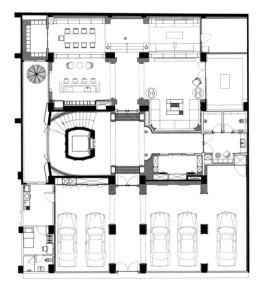

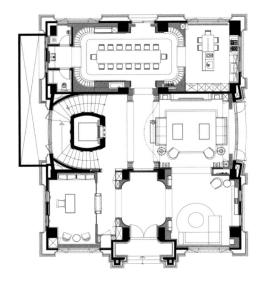

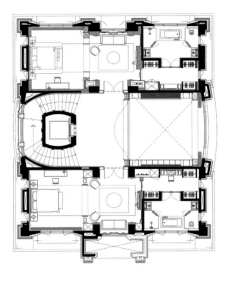

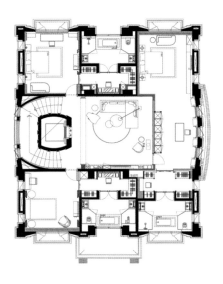

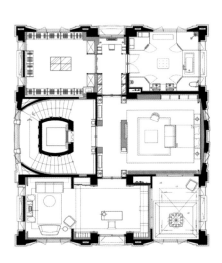

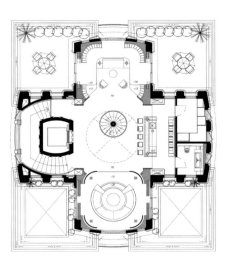

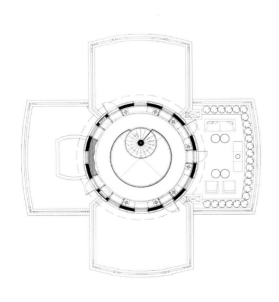

ARCHITECT'S VILLA
自宅

设计单位：陶磊（北京）建筑设计有限公司
设　　计：陶磊
参与设计：陈真、李京、张婧泓
面　　积：600 平方米
主要材料：实木、铝板、红雪松木等
坐落地点：北京
摄　　影：陶磊

陶磊

陶磊（北京）建筑设计
有限公司创始人；任教
于中央美术学院。

该项目是在原有别墅基础上改建的住宅，原建筑地下1层，地上2层，坐落在被相同房型环抱的社区之中。这是一个独立的住宅，除了供一家人居住，内部还有两间用于创作的工作室。此住宅试图在现代都市中创造出一片独立的世界以获得内心的安定与自由，并通过实木与金属材质的构建表达建筑与自然的真实性。同时，也试图将建筑的功能性与舒适性高度统一起来。

设计的策略是将一个巨大的"建筑外罩"将整个基地连同原有建筑全部罩在了一起。它混合了建筑与庭院、室内与室外，试图将所有内容混合为一个完整体，甚至连同树木和自然光一同混合到这一空间，且各自独具特色，自成一体。空间也因此产生了一系列丰富的变化，从室内延展到室外，从地下延展到地上，从一个原始的基地分解成若干个院子，从原有扁平化的基地演变成了多维的空间组合，这一切都将使住宅的生活模式变得更多样也更具体。

住宅尽可能地将原有建筑的地板、墙体、顶板与外部构筑对齐，只留一道玻璃来隔断温度，力求内外统一性。追求内与外的统一性是为了让室内可以更直接地感受到自然的存在，让自然的光线和景色可以没有任何阻碍地延展进来。住宅的任何空间都是与自然共生的，四季的变化都和内部有着直接的联系，包括室内色彩也随之而变。因此，室内空间除了必要的功能和材料之外，无须任何多余装饰。所谓居所，不过是在自然环境中建立起对人具有庇护作用的构筑，但不应因此失去与自然最直接的关联。在这里，巨大的"建筑外罩"将一切混合在一起，自然与人工环

境变得模糊，衍生出了新的境界，从而超越了自然。建筑不再是隔离人与自然的装置，而是二者的联结体。

在整座建筑里，出现了一系列诸如2.3米、2.2米甚至2.1米的空间高度，同时也有0.7米的行走宽度。这些尺度几乎是空间压迫感的边界，但却能给人带来对建筑最大的感知，建筑几乎触手可及，最大限度让建筑贴合身体而存在，像追求更合体的衣服一样，给人带来特殊的亲切感，让人可以安静而轻松自在。由地下至空中，由前庭至后室，形成了一套完整的空间系统。这种由巨大的"建筑外罩"所形成的第三种空间与原有建筑一同将庭院划分成前后左右各不相同的"子院"，每个"子院"又各自自成系统，它们都与各自的室内空间相连、互通，部分"子院"下沉到地面以下，与地下室空间相互呼应，形成独有的空间特质。一院一世界，安静而又有力。

自宅内部因为场地和功能的需要被设计成大小不同的空间，这些空间虽然有自身的独立性，它们之间并非孤立的。预制的混凝土板，钢板折出来的楼梯，还有分岔的钢板坡道形成了连续的路径将其紧密地连接在了一起，这条70厘米宽的路径是精确轻巧的，钢板所形成楼梯像折纸一样轻薄，没有任何结构带来的多余，所到之处也因此而精致。有的跨越下沉的庭院，有的悬浮于水面，有的绕过树木，有的嵌入楼体之间，有的攀附于楼体边缘，形成一条随机应变的路径，穿越在不同情境的氛围之中，散步于空间之中，移步换景带来的愉悦是丰富而具体的，不同的境界之间不断的转换始终带来新鲜的体验。

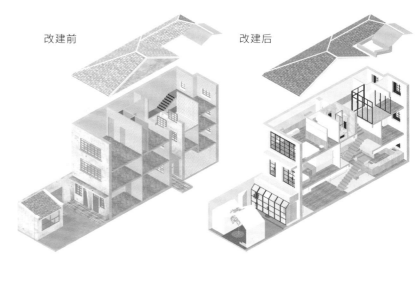

改建前　　　　　改建后

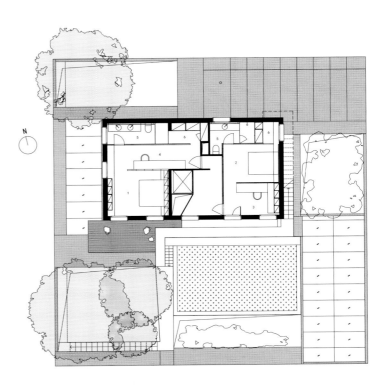

TWO-FOLD YARD
二重院

设计单位：陶磊（北京）建筑设计有限公司
设　　计：陶磊
参与设计：陈真、康伯州、李京、张婧泓
面　　积：1025 平方米
主要材料：混凝土、钢结构、实木、穿孔铝板
坐落地点：北京顺义
摄　　影：陶磊

陶磊

陶磊（北京）建筑设计
有限公司创始人；任教
于中央美术学院。

这是一个普通住宅改建项目。房主是一位艺术家，希望通过建筑改建，使自己有一个和居所一起的工作室，同时希望艺术创作和家庭生活互不干扰。改造后，原始建筑主体仍然作为日常起居生活的空间，利用原有院子地下部分改造成为更为宽敞、更为独立且更灵活的艺术创作空间，同时地上部分仍然作为院子，提供生活空间景观和户外活动场所。整栋住宅被分为地上和地下两套空间系统，两者各自拥有完全不同的空间氛围，沿着垂直方向互相之间保持一种内在联系，构建出两个不同的、重叠在一起的平行世界。

地上庭院是家庭日常起居的场所，将地下工作室的屋顶作为家庭的景观，这里的植物尽可能丰富，让生活在此的家人可以感受到轻松和自在，在美丽的环境中，让孩子可以体验和了解自然，让自然与生活息息相关。地

下空间作为主人艺术创作的地方，虽然在地坪以下，但是在这里空间两端设计了两个尽可能大的地下庭院，为地下工作室提供必要的自然采光和通风条件，同时创造了两个安静且独立的精神世界。这里与室内相连，室内外是一个不可分割的空间统一体。自然光由明至暗，再由暗至明；景观除水和竹子外几乎没有任何多余之物，由此使得整个空间的氛围像是凝固的空气，安静而深沉，为创作者提供了一个可以独立思考的场所。

在这片地上和地下两个平行的世界里构成了家的新的定义：地上庭院由温和的实木和半透明穿孔铝板所包裹，半室外的露台结合丰富的植物，营造出一片舒适氛围。地下空间由清水混凝土浇筑而成，坚硬冷静的外表透露出坚定深刻的独立性，不受外界影响，从而获得心灵的自由。

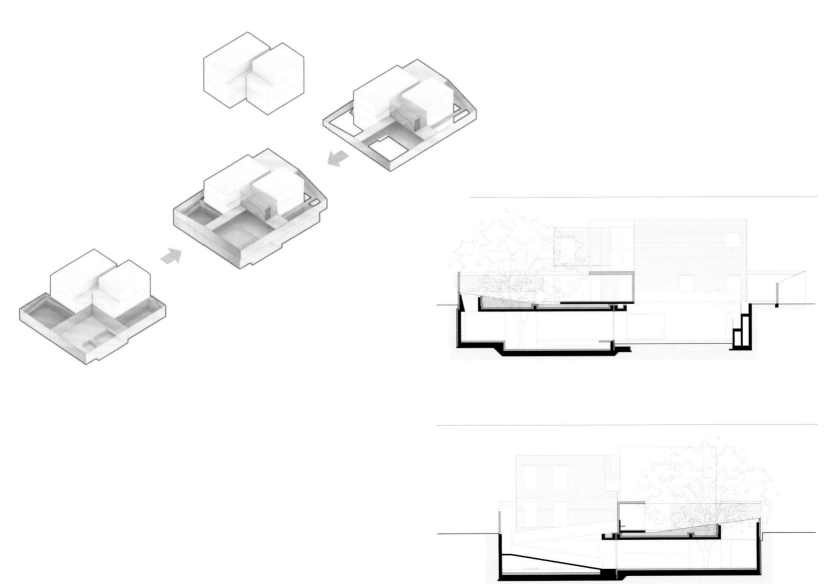

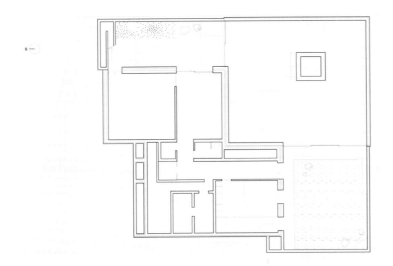

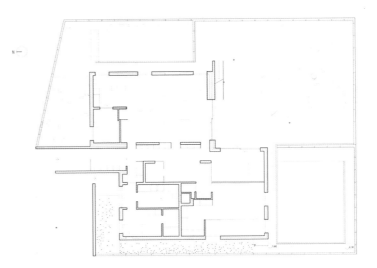

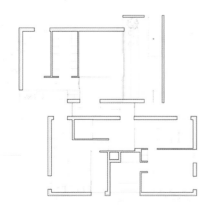

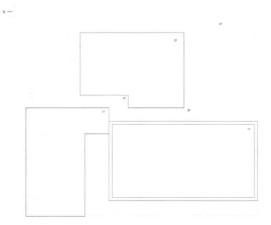

VILLA AT XIXI WETLAND ESTATE

西溪湿地——
悦庄别墅

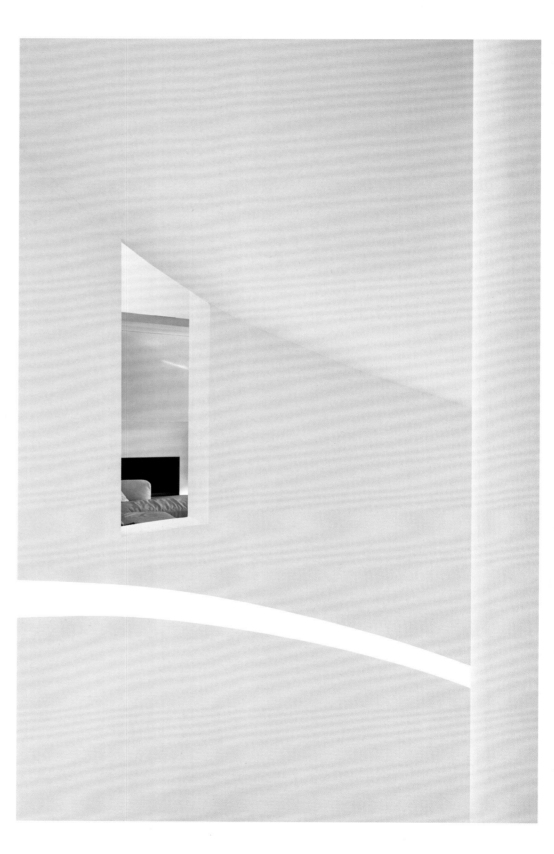

设计单位：设谷设计事务所
设　　计：谢银秋、龚海明
参与设计：白浩祥、汪婉莹、徐岩岩、李静、王瀚
照明设计：杭州乐翰照明工程有限公司
面　　积：600 平方米
坐落地点：浙江杭州
摄　　影：王大丑

谢银秋

空间设计师、商业美学家，设谷设计事务所创始人、主持设计师，世界华人俱乐部艺术设计顾问。

沿着水间的石台走进悦庄别墅，右转正式步入玄关的瞬间，有一道光，从正面、从地面，扑面而来，有种充满神性的幻觉。光是晶莹的、凝固的，却又似乎随水流欢愉涌动，空间的几何关系，除了规整的直线，几乎只用

了圆弧。在光与影之间，在高雅中掺杂着暧昧，暧昧中掺杂着全然的放松，朴素静美，耐人寻味。空间中偶尔有经典收藏出镜，诸如红蓝椅。藏品许多，却没有尽数堆砌，少量即可悦人悦己。

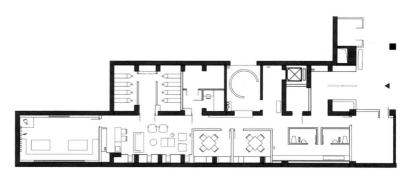

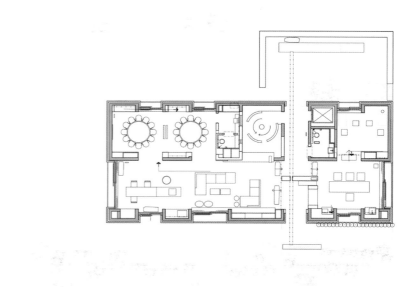

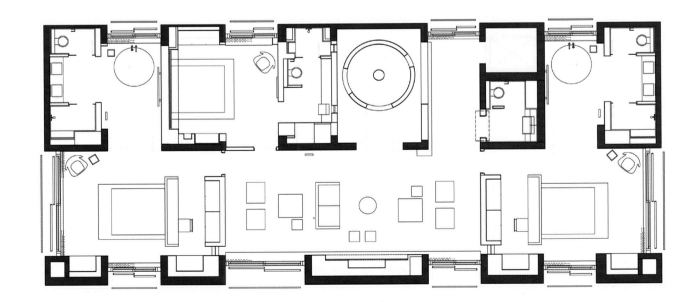

No. 76 VILLA AT GOLDEN LOUGH

苏州私人别墅——
金水湾
76 幢

设计单位：尼克设计事务所
设　　计：尼克
参与设计：杨磊、王钲皓、郝露、沈张、冯清玲、成思婷
面　　积：约800平方米
主要材料：木饰面、金属、钢化玻璃、水磨石
坐落地点：江苏苏州
摄　　影：金选民

尼克

尼克设计事务所创始人、
设计总监，北岸建筑装
饰有限公司董事长，苏
州设计师协会发起人。

金水湾 76 幢位于金鸡湖畔的亲水别墅，总
面积约 800 平方米，风格简约大气，处处呈
现出现代、时尚、艺术的格调。庭院的设计
延续了空间自由的手法，让建筑更直观更近
距离地接触自然，使室内外空间无缝对接，
院内宽阔的草坪为活动提供更自在的空间，
植被的覆盖不仅起到观赏作用，间接地将公
共空间与私有空间隔绝开来，枫叶的颜色，
让庭院内闪烁着惹眼的喜色。开放的室内空
间与户外景观相连，实现人与自然和谐相处，
大面积的玻璃窗增加了视野和采光，提升了
居住的舒适感。

一个好的居住空间，要实现的不仅仅是功能
上的需求，更重要的是满足业主的精神需求，
优雅知性的摆件让这个设计更加饱满，更富
有艺术气息，从而治愈心灵。即使是茶几上

几个简单的装饰品，也能营造出艺术与格调
的气氛。

开放式的空间设计，餐厅、客厅、庭院互通
互联，让家充满当代时尚的格调，大面积的
玻璃窗，引景入室，可以享受充足的阳光气
息，这才是家最好的定义。

暖暖的午后，坐下喝杯茶，给自己寻找一个
宁静的空间，不为世俗所扰，不为他人所动，
不受外界干扰。一扇晶莹透亮的大玻璃，坐
在窗边享受着外面的自然景色，一个人想点
儿事情，不被尘世惊扰。设计中将光影的效
果发挥到了极致，阳光照耀下，质朴的木桌，
素色墙面，古老的摆件，无一不呈现出气质
不凡的品位和艺术格调，简约的木格栅设计，
让光照的效果更加迷人。

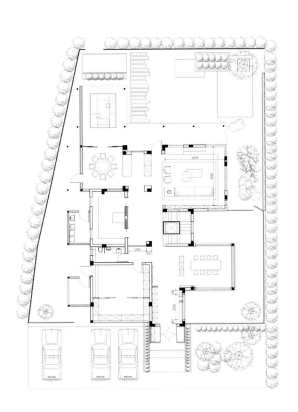

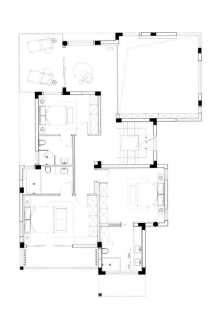

No. 121 VILLA AT GOLDEN LOUGH

苏州私人别墅——金水湾121幢

设计单位：尼克设计事务所
设　　计：尼克
参与设计：杨磊、郝露、王钲皓、沈张、冯清玲、成思婷
面　　积：700平方米
主要材料：木饰面、金属、钢化玻璃、水磨石
坐落地点：江苏苏州
摄　　影：邓春、金选民

尼克

尼克设计事务所创始人、
设计总监，北岸建筑装
饰有限公司董事长，苏
州设计师协会发起人。

金水湾 121 幢位于金鸡湖畔，整个空间以自
然、田园景观为主，平实而精致，显得自然、
轻松、休闲与质朴。别墅由前院、后院、主
建筑构成，室内空间一步一景，构造巧妙，
其简约雅致的外立面，富有人情的内廊结构，
园林水系的和谐自然要素，正在被越来越多
的追寻……

枯树光影，水榭亭台，倒映出一片岁月静好。
屋内摆放的一幅极简的装饰画营造出质朴、
温润的气质，室内的每个小摆件都透露出设
计师的别出心裁。清晨的第一缕阳光，金黄
金黄的，从屋内的格子窗走进来，暖暖的照
进屋内，把整个房间映成金色，茶几上的书
和植物都被阳光滚上了一条洒金的花边，悠
闲地躺在沙发上，欣赏那外面怡人的景色。

设计师通过室内外场景变换的层次，来表达
人与自然处在一个最为舒适的维度。院中吊

落着的秋千，给整个空间增加了些俏皮感。
放眼楼上空间，在减少一些不必要的装饰后，
整个氛围变得更加宽广舒适。浅灰色沙发与
白墙和浅灰色地板相呼应，让整个空间显得
丰富又简单。整个空间没有一丝多余的材质，
灯光角度、画面留白，一切都那么恰到好处。
开放式厨房设计，让你在做菜闲暇之余还可
以欣赏到外面的景色，空间面积很大，设计
师没有在这样宁静的空间当中采用任何隔断
的设计，油烟机的设计非常隐蔽，不会影响
整个空间的美观性。

夜幕无声地降临，望向窗外，院中的树渐渐
地模糊起来，像是裹上了一层纱……院中这
浅绿色的石阶，就像人生的旅途，都要一步
一个脚印。整体的空间设计除去浮躁夸张的
装饰，给人以舒适轻松的居住环境，是大方
淡雅、仪态天成，是返璞归真、从容安适……

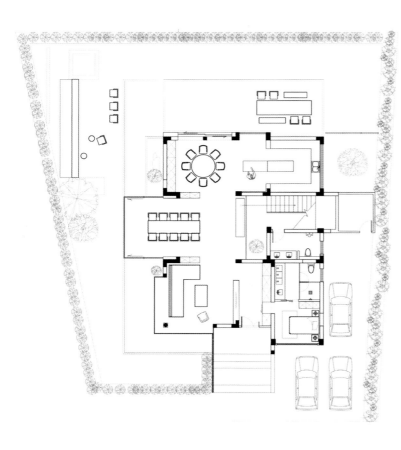

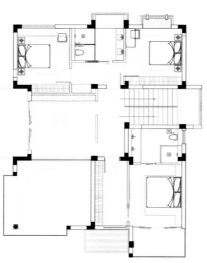

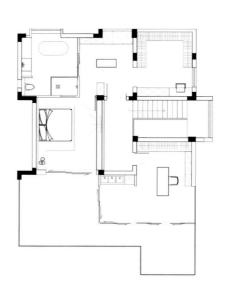

HILLSIDE MANOR

半山行馆

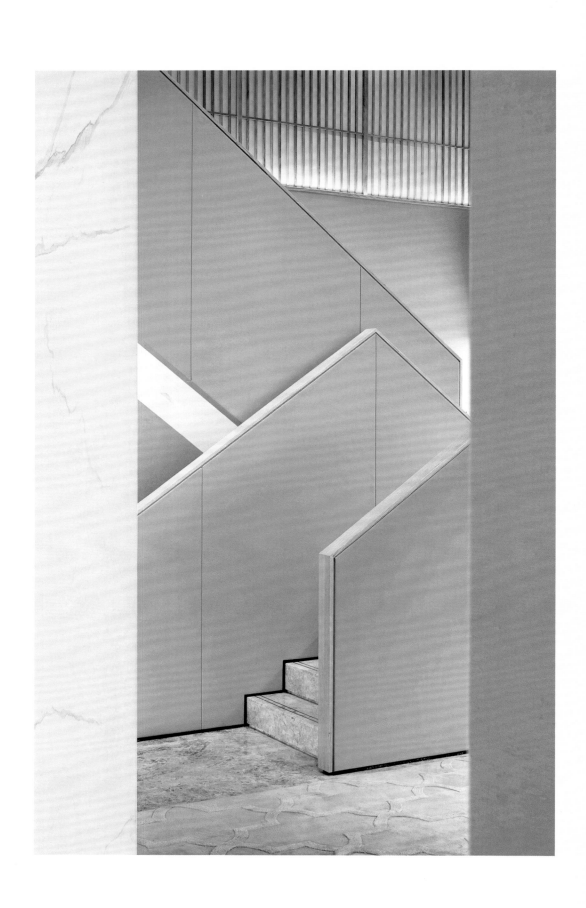

设计单位：十上设计
设　　计：陈辉、汪庆林
面　　积：800平方米（室内）、1500平方米（园林）
坐落地点：福建
摄　　影：李玲玉

陈辉

十上设计总设计师，不喜欢墨守成规，追求设计空间上更多的可能性，倡导个性化的量身定制空间。

半山行馆，坐落于半山之上，平视着远处的层峦与天际线，整个行馆占地面积近 2300 平方米，超大的空间尺度，空悬而立在整个城市之上，带来极佳的俯瞰视野。该项目始于一个废弃的山中旧房，由景观开始，结合建筑与室内，优化整体环境的动线、功能与空间，阐述建筑、环境与人的共生关系。入口处的照壁，增强进入行馆前的过渡与仪式感。引入"水"元素，于开阔的庭院空间内打造下沉式休息区，用线条去贴合建筑结构，水系围绕、延伸，直至观景台，突显碧水云天的空中意象。

室外是诗意的化境，自然意象融于内心，通过空间表达出，心中有山水，气象万千。楼梯向地下室延伸的空间，造景以简化"山水"过渡不同区域。以表达居者追求仪式感和生活情调的心境为基础，意图强调空间的社会属性和艺术性。设计归于简约，玻璃外墙确保了绝佳的景观视野。清风拂面，逍遥自得，门外便可融于自然的风景之中，落地窗引进风景，浴山中景，惬意非凡。

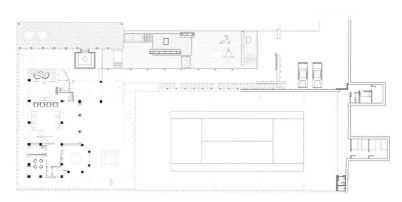

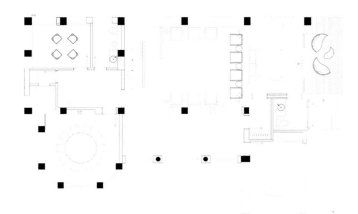

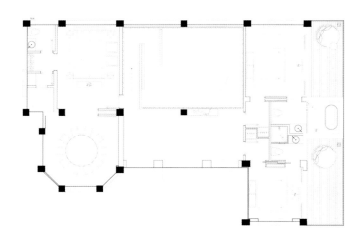

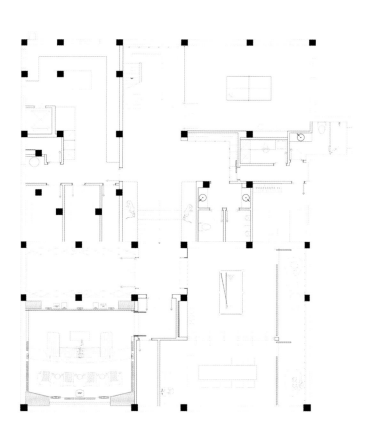

PALM BAY
VILLA

棕榈湾别墅

设计单位：叙品空间设计有限公司
设　　计：蒋国兴
参与设计：叙品团队
软装设计：叙品团队
面　　积：900 平方米
主要材料：仿山水画大理石瓷砖、白色乳胶漆、灯膜、玻璃砖等
坐落地点：江苏昆山
摄　　影：牧马山庄 | 吴辉

蒋国兴

蒋国兴，1996 年毕业于
厦门工艺美术学院，现
任叙品空间设计有限公
司董事长。

极简家
极致爱

家是尘世间的一片净土，以极简美学诠释家
的温度，让空间变得纯粹。"万物之始，大
道至简"，本案例化繁为简剔除一切冗余装
饰，只留下岁月馈赠的沉淀。黑与白作为空
间的主基调，勾勒出的场景却丰富多彩，就
像生活的惊喜一样无处不在。极简，不只是
一种设计风格，更是一种生活态度。

客厅及主要房间地面都采用仿山水画大理石
瓷砖，用简洁现代的手法表现中国山水元素，
典雅却不古板。客厅大幅海报照片墙记录成
长的点滴记忆，造型简约的黑色桌椅，颇具
张力的雕塑和黑色钢琴，带来强烈的艺术气
息。餐厅氛围清新怡人，恰好为家人带来愉
悦的用餐心情。阳光正好的时候在院落里对
坐发呆，也不失为一个奢侈的享受。

茶室入口处一艘小船承载着夕阳的余晖，不

知是停靠还是驶向远方。一泊古船、一汪水
景与一丛草木，茶室中的古朴禅意与现代材
质玻璃砖墙面的碰撞，逸趣横生。快意人生，
不仅有美酒，更要有好茶。对于钟爱江南文
化的设计师来说，山水画和品茗意境最是相
得益彰，有此背景的山水灯膜为品茗多添了
几分意境。

主卧更是黑白分明、干净有力，简洁清晰的
线条，精致细腻的工艺收口，功能性与实用
性兼具，展现出极具想象的视觉效果。布满
镜子的更衣间不仅提升了空间感，也让整个
空间更加有趣。

繁华褪去之后便是宁静，每一个角落都是自
然舒适的。极简家，极致爱。

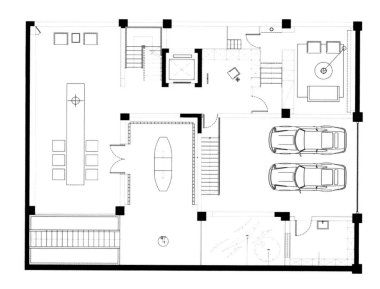

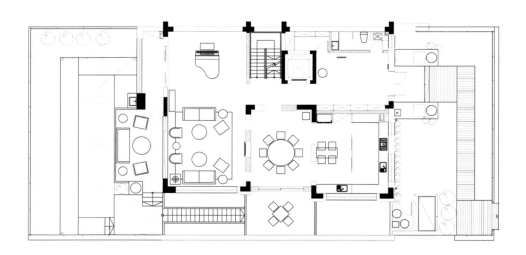

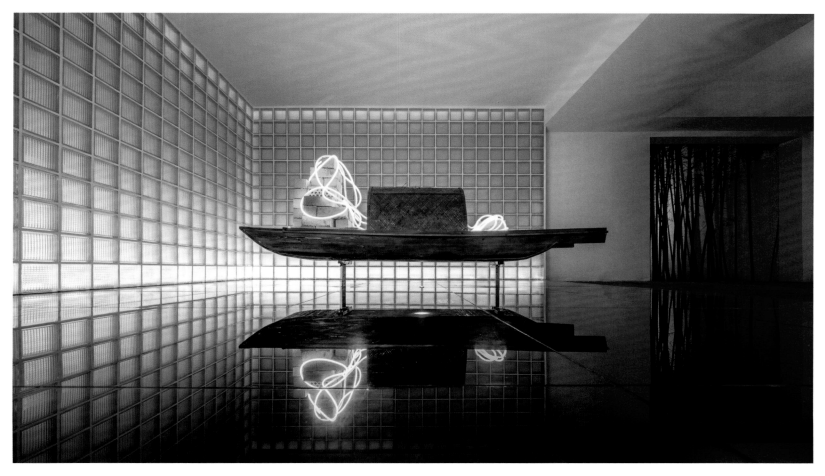

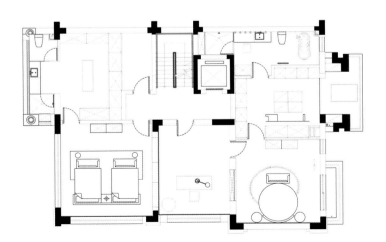

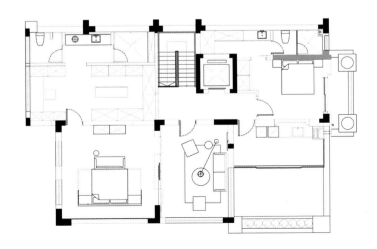

A QUIET HOME

隐——
谧境难寻

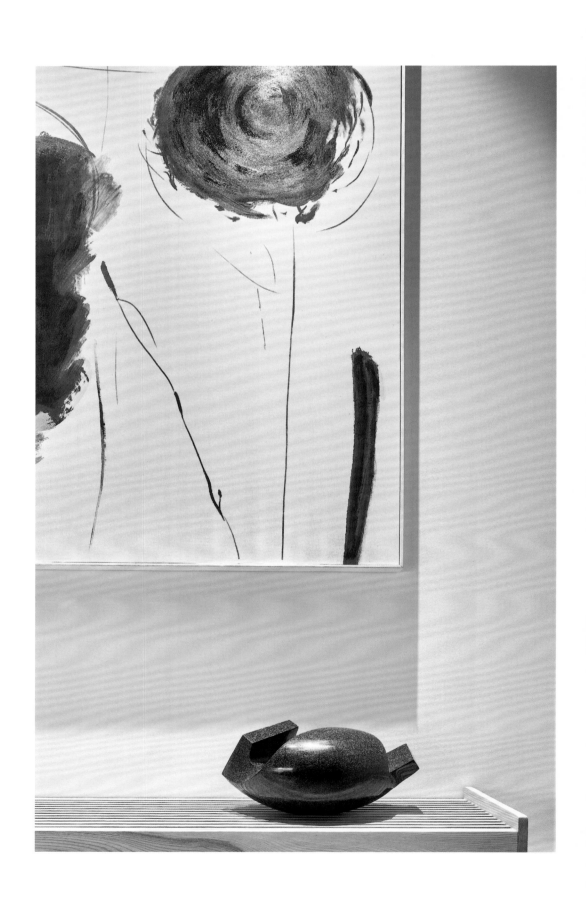

设计单位：中国染筑空间设计有限公司
设　　计：黄齐正、黄小影
面　　积：535 平方米
主要材料：水磨石、染色木皮、岩板、艺术涂料
坐落地点：浙江温州
摄　　影：李迪

黄小影

中国柒筑空间设计有限公司创
始人、中国建筑学会室内设计
学会（温州分会）副会长、中
国室内装饰协会陈设艺术专业
委员会温州陈设委委员、中国
中央电视台《空间榜样》设计师。

黄齐正

中国柒筑空间设计有限公司创
始人、中国中央电视台《空间
榜样》设计师。

隐——
谧境难寻

择一处而居，让灵魂得到慰藉。家，是情感
与爱的交融之所。在这个空间我们把最奢侈
的光给予业主。光线是一种生物，在一个用
光线设计的建筑载体里，它充满可能性与自
由，以丰富的形式在建筑空间内部留下痕迹。
我们想把当代性、文化性、艺术性作为共融
共生的基础，用传统东方的美结合当代的艺
术性，平衡一家四口的人居生活方式。一对
虔诚的佛教徒夫妇与一对"90后"的儿女，
年代的跨越感决定了空间语言表达会有基调
的转变，却改变不了我们追求简单、纯粹，
寻一片属于自己的那份淡然宁静。

玄关处的自然雨露画面，自然的山水还有空
间里的植物与现代生活品质和格调完美融
合，东方禅意的茶室中通过大自然采摘的树
枝修剪成亭亭玉立的枝干保留尖端的绿叶，
表达生命的珍贵和奇迹般的生命力。当代的
雕塑完美诠释了艺术性的人文居住环境，极
简的美学在感官上简约整洁，在品位和思想
上更为优雅。打造一处可以安放心灵，享受
宁静生活的美好画卷。

万物之始，大道至简。这一层大面积的留白，
把沉淀下来的东方意境留给了自然的木纹质
感，使得整个空间纯净利落不失府邸底蕴。

我们坚信，每一个空间都有一个灵魂，且应
被尊重。人与空间的关系，得以在自由与平
衡中达至共生。整合空间相互通容贯穿的界
面，把一层与地下一层之间的八角处楼板打
通，让八角处窗口形成整体一个面，将充足
的光引入室内。通过建筑的窗洞，八角处引

入光的亮度、强度，照射在室内中的变幻，
带着我们的情绪一起变化。

空间是由物体创造，所以物体既是功能的需
求，也是空间层次的根本，它是存在空间动
线环绕的载体。为了尊重业主对风水的讲究，
保留玄关内径的尺寸，并且加强视觉效果和
实用性，两侧都做成了隐藏式收纳柜。把常
态的一层大面积客厅转换成下沉式休闲区，
动线上令人更加舒适，从厨房的功能区到吧
台的操作区，再到餐厅以及休闲区，在一条
动线上，相互之间有关联有互动，最大限度
保留了整体空间的通透性与开阔感。

二层主卧的主基调是沉稳的木纹，高度关注
人与空间、人与材质和谐共处，通过东方宁
静的气韵与精致的床品家饰，营造东方古典
艺术与当代美学融合的人居环境。"少则得，
多则惑"的东方思辨哲学思想为内在气质，
没有贴满材质的空间反而可以让灵魂得到慰
藉。尤其在主卧套房的内玄关有一幅优美的
兰花，诗情画意般地走进了业主的精神世界，
"兰生幽谷，芳香自溢"，画如其人在述说
业主的品位和品格，也巧妙诠释了本案例的
设计师的思想。

通过极致纯粹的细节，简约的线条构建，从
直线的楼梯到曲线的线条有着异曲同工的妙
意。一切伟大的建筑、空间，都可以追溯到
一致的一套重要的模式。愿我们从传统到当
代，从质量、体积、表面、比例、交界，不
断重复光和仪式。

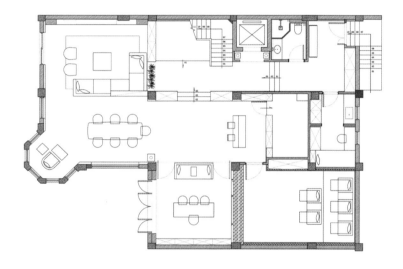

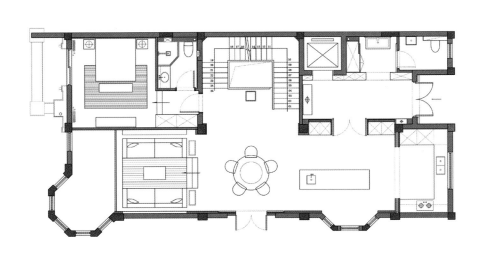

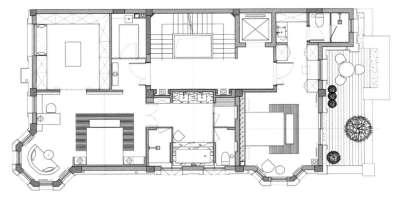

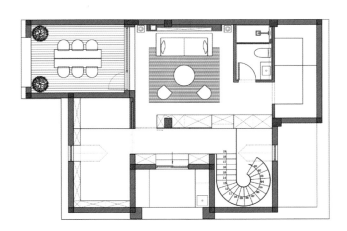

HOUSE IN YUEN LONG

元朗翠峦

设计单位：郑炳坤室内设计事务所（Danny Cheng Interiors Ltd.）
设　　计：郑炳坤
面　　积：4000 平方米
主要材料：云石、墙纸、铝板、木纹地板、户外木、地砖等
坐落地点：中国香港
摄　　影：郑炳坤室内设计事务所（Danny Cheng Interiors Ltd.）

郑炳坤

毕业于加拿大多伦多
大学，于 2002 年创办
Danny Cheng Interiors
Ltd.；设计崇尚简约，
强调空间感和建筑美。

在设计师手中，白色被大胆又细致地运用，不仅展现了其脆弱与纯洁之美，更焕发了其现代、简洁的恒久一面。

粗看之下客厅皆为白色，可细察起来，其实层次分明。地毯是浅灰色，砖面、抱枕则是深灰色，另有黑色元素点缀其中，不仅令白色之家有了生机与活力，更增加了空间的层次感和纵深感。客厅之中，最富巧思的恐怕便是这一组沙发。除了同为冷色调与地面、墙面相呼应；不规则造型还柔和了建筑线条所带来的刚硬与冰冷。

在寻常人家，车库恐怕实用性大于观赏性；可这里，车库却成了精致的展览厅——乃至成为客厅不可或缺的一景。车库和起居室仅由玻璃隔开。豪华车的金属质感最初与客厅风格统一，流线型的外观为客厅增添了一丝气质和动感。

清晨在 King Size(特大尺寸) 的床上悠悠醒转，沐浴着从细格落地窗散落进来的阳光；夜晚点燃从高处悬挂而下，造型感十足的床头灯，从古拙清新的原木床头柜上拿一本书，伴一宿好梦……这里不是电影里的布景，而是那美得恰到好处的卧室。颜色运用在浴室这里，又发生了变化——纯白色浴缸配上大理石墙面，在增加了高级感的同时，还使得空间整体家常、惬意了起来。

浅色木纹地板与细纹外墙交相呼应；桌椅、装饰则都是饱和度较低的浅色，不仅勾连了室内、室外，更与大面积普照的阳光融为一体。作为亮色，大型植物可谓是后院的亮点。姿态蓬勃的褐色枝干本来就是最好的装饰，为房子增添了不同于完美样板间的精彩与生气。

设计师曾经说过，做设计他最看重的就是空间感。这个以白色为基调的大面积豪宅就是最为鲜活的例子。

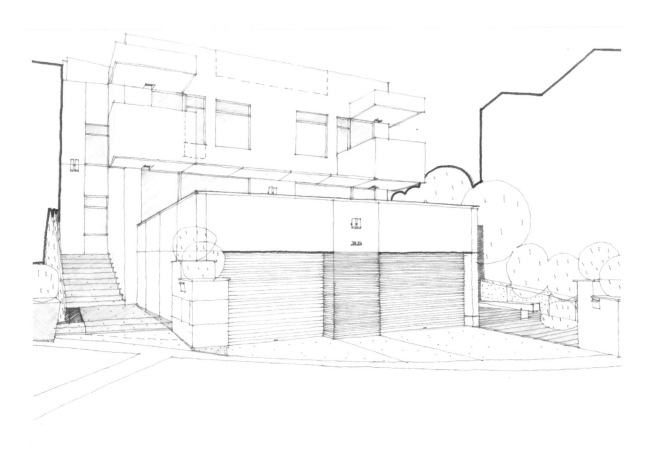

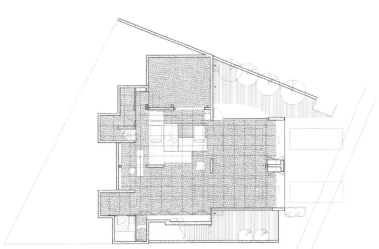

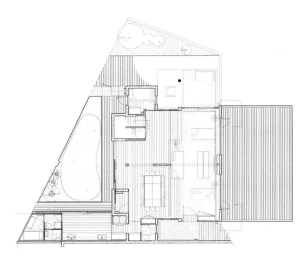

APARTMENT IN MACAU
澳门小潭山庄

设计单位：Danny Cheng Interiors Ltd.
设　　计：郑炳坤
面　　积：约 600 平方米
主要材料：水泥、石、镜、木等
坐落地点：中国澳门
摄　　影：Danny Cheng Interiors Ltd.

郑炳坤

毕业于加拿大多伦多
大学，于 2002 年创办
Danny Cheng Interiors
Ltd.；设计崇尚简约，
强调空间感和建筑美。

刚一进门，左边的水泥板与右边的深色雕刻
墙面相照应，奠定了简约工业风的装修基调。
镜面玄关让房屋整体更有空间感，给人以通
透开阔的视觉感受，南北走向的设计让人踏
进家门就能望到海景，在结束了一天的劳累
后，这无疑是一种享受。

客厅多使用灰白墙面为建材，看似单调浅淡，
但却能在阳光的照射下展现不一样的光影变
化。为进一步提升空间，郑炳坤（Danny）
特意选用低矮造型的家居配置，泼墨设计的
地毯是客厅的点睛之笔。不仅提升了艺术美
感，也将两侧家具纳入其中，共同构成了一
个别具匠心的画面。

餐厅以黑白色调来延续极简主义，餐桌特意
选用深色实木，经久耐用的同时也与整体风
格搭配，椅子充满设计感，与餐桌自成一体，
地毯丰富空间感，与客厅遥相呼应。

卧室与浴室并无明显分隔，使用起来也更为
随心自在。也因此，郑炳坤特选黑镜，利用
黑镜的折射效果，达到既开通又阻隔的视线
效果。同时，也用一些造型独特的装饰品，
来增加空间的线条感与设计感。浴室大面积
运用大理石墙面，纹理清晰，尽显自然美感，
色调明亮，整体清爽大方，同时也为极简工
业风的设计增色不少。

除了对整体设计风格的拿捏，室内装饰品的
选取展现了设计师 Danny 的理念。这个位
于下层餐厅旁的，由艺术大师 皮特·安东（
Peter Anton）制作的"巧克力"艺术品，"华
丽品（Glorious Assortment），2016 年"，
既丰富了色彩，不让空间过于单调，也寓意
着"生活就像一盒巧克力，你永远不知道下
一块是什么"。

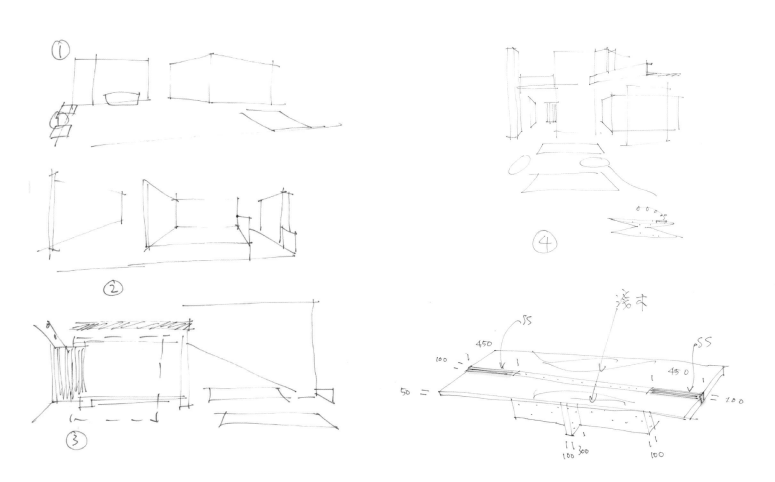

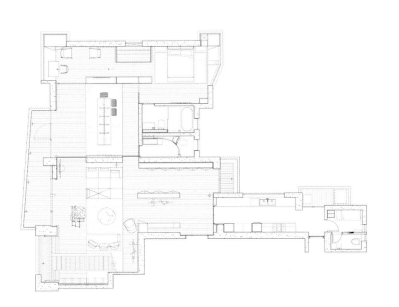

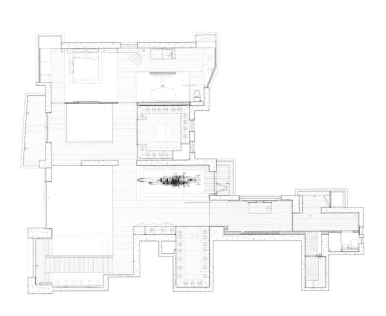

DIE XU VILLA, TAIPEI
叠旭

设计单位：近境制作、远域生活
设　　计：唐忠汉、远域生活台北团队
面　　积：224 平方米
坐落地点：中国台湾台北

唐忠汉

中国台湾近境制作设计
总监。

用光叠出
生活场域
阅读空间
的层次

我们的生活方式，加入了一点儿精彩，一点儿温润，一点儿在最精华地段的国际城市却保有朴素生活的态度。

阳光透过进入室内的第一道皮层，形成了影子，也感受到这样简单的存在。在一个挑高复层空间的配置概念上，以营造空间的围合感、三维空间的思维去安排区域和动线上的体验，连接了场域和场域之间的关系。以室内建筑的概念，将空间中的量体透过层叠等形态变化、墙体堆叠分割重组的手法延伸整个立体空间。

一方自在天地，试图在高速生活节奏的时间轴当中找到一个片刻，并且放大难得的宁静感受。空间架构在简洁形态中带入各种材料的原始样貌，家具错落有致的陈列及灯具的点缀，加深整个空间细节体验。以室内建筑的概念，将空间中的量体透过层叠等形态变化、墙体堆叠分割重组的手法延伸整个立体空间。

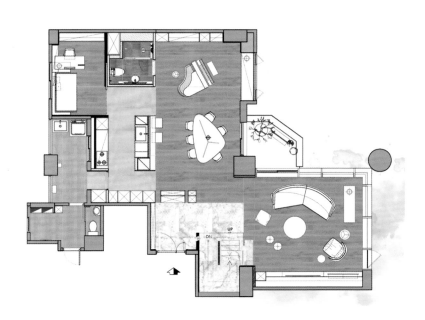

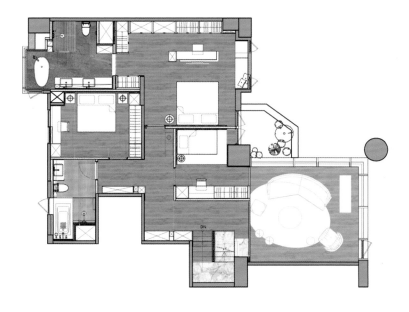

LIGHT AND MIRROR
VILLA, TAIPEI
沉光大境

设计单位：近境制作、远域生活
设　　计：唐忠汉、远域生活台北团队
面　　积：270 平方米
坐落地点：中国台湾台北

唐忠汉

中国台湾近境制作设计
总监。

面对一座森林，刻画自然的永恒与工艺之美。打破原有阻断光线的隔间，我们将自然引入室内，每一个时刻所感受到的"光"都具有不同的意义 。自然为空间计算了一天的经过，时间消逝之美，为生活留下唯一片刻打造的美好生活场域。

整体的设计概念中我们希望达到空间的流动感，透过不同形态的墙体脱离架构，让材料能延伸，光线能穿透，空间能放大。细节中打造不同形态的金属构件，透过铁件与不同体量机能结合的过程，灰色空间的营造，看得见与看不见的窥探，脱开的墙体设计给空间带来更轻盈及飘浮的感受。

透过拉门形态的变化让起居室兼具了卧房及和室的多功能空间。进入私领域，先经过一个灰色空间的设定，更衣间成了卧室与开放空间最好的连接和过场，让声音经过时逐渐减弱，将卧室睡眠的品质明显提升到另一个层次。心境在此也达到转换的状态，让回家比平静更加安定而完全放松。

我们所追求的不仅只是外在形式的美，更重要的是它是一种气质，是一种灵魂，是一种哲学，是一种内在的升华。

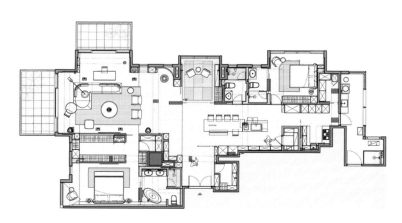

MIX AND MATCH

混搭
无界

LUXURY HOUSE IN TAINAN
住换心移

设计单位：中国台湾由里室内设计
设　　计：傅琼慧、李肯
面　　积：529 平方米
主要材料：板岩砖、钢刷水染木皮、意大利壁纸、薄陶板
坐落地点：中国台湾台南
摄　　影：利德凯国际空间摄影

傅琼慧（左）

中国台湾由里室内设计创始人／设
计总监。

李肯（右）

中国台湾由里室内设计专业设计师。

因为家族成员心思意念的不同，故不采用主
轴贯穿的方式，而是在私领域中注入各自喜
欢的风格。住换心移的设计选择舍弃常见的
主轴贯穿方式，仅有公共空间部分统一采用
现代感的设计，而每个私领域则以使用者本
身的构想出发，追求不同的变化以贴合个人
需求，呈现出多种相异的风格与氛围，在迥
异的风格之中，能让长住于此的心灵，反复
更新并获得多样的感受。

中国台湾由于人口密度相对较高，房屋之间
的栋距往往非常接近，即便装设窗户，也会
搭配上厚重窗帘确保隐私；故在正面采用封
闭式设计，仅开设两扇作为造型使用的长窗，
并以铁件设计而成的人造树景，营造绿化效
果同时，也兼具优良的防盗功能，悬于其上
的灯饰在黑夜中绽放时，明月高挂树梢之景，
跃然于悠游漫步的行人眼前。

与正面较为封闭的印象做出区别，后方运用
大面窗增添空间开阔感；位于一层的夹层空
间做跃层设计，一层为多功能起居室，考虑
到本土气候的特质，使用兼具美观与清扫方
便的木纹磁砖铺底，结合各式色彩的软装设
计，营造出缤纷绽放的意象。

餐桌上方有个引人注目的造型灯饰，这是突
发奇想设计的手工作品，将树枝干燥后嵌入
灯饰，制作出一盏浑然天成的造型吊灯，相
较于高精密工艺机械切割的水晶灯，亲手制
作的天然树枝吊灯更能贴近居住者。餐厅区
的地板采用板岩砖铺叙，保持与客厅近似的
印象；厨房中岛舍弃传统常见的方形设计，
特地使用计算机 3D 图仿真，变化为由三角
形组成的特殊结构中岛。

二层整体色泽以白色为主，与艳丽丰富的一
层大相径庭，两者传递出截然不同的氛围。
客卧选择白色为整体空间印象色，主墙面分

别使用实景大壁纸、几何图形艺术画的方式，
地板也区分成纯白色调以及木纹铺叙，不同
的建材与艺术布置使用，营造出两种相异氛
围的空间。以实景照片为主墙面的房间带有
现代都市沉稳风格，使人迎来流利而畅快的
心情；布置几何图形艺术画的房间风格较为
乐活且休闲，渲染出舒适而恬静的氛围。

二层客厅区选色方面，选用不会对人心灵产
生负担的白色，电视墙上看似手绘的白色羽
翼其实是进口壁贴，让人不禁联想到振翅高
飞的印象、纯洁可爱的天使、象征和平高贵
的鸽子。空间理念着重在创造不同的变化，
壁面上零散的时钟象征着打破僵化、固化的
时间，切断空间与时间的连接，解开数字上
沉重的银质装饰，让部分时间重新回到最初
的模样。

书柜区活用建筑设计结构上预留的区域作为
收纳空间使用，活动式的方格柜体设计，兼
顾便利性与美感。夹层楼梯设计简约、明快，
顶棚上由铁件构成的轨道灯，投射出不同的
光芒为空间制造出更多的变化性。

男孩的房间采用跃层夹层结构，原本要制作
成为北欧风格的空间，最后决定由当时年仅
16 岁的小儿子亲自操刀，富含许多思维精
彩的构想。位于夹层楼梯旁，由复数铁件与
衣架构成，是发挥巧思设计，形似装置艺术
的造型衣柜，舍弃传统箱型柜子的思维，让
衣柜成为衣物的展示架，而不再只是囚禁衣
物的场所。

舍弃主轴贯穿的方式，让每个空间各自成为
全新的主角，在不同空间注入不一样的风格，
空间氛围之间的转变中，促使居住者的心境
也同样发生变化，为生活与心灵带来更丰富
的飨宴。

WAREHOUSE TRANSFORMATION
仓库住宅HM

设计单位：Lim + Lu 林子设计
设　　计：卢曼子、林振华
面　　积：242 平方米
坐落地点：中国香港
摄　　影：NirutBenjabanpot

Lim + Lu 林子设计

Lim + Lu 林子设计是
一家跨领域设计公司，
成立于纽约，目前总
部设在中国香港，在全
球范围内提供建筑、
室内、家具和产品设

项目隐匿于香港岛南部的繁华工业建筑群中，业主是一对多才多艺的热爱艺术的夫妇，他们爱小动物，也爱举办各种绘画和烘焙研习班。空间改造前是一个仓库，业主要求设计师在保留空间原有粗犷感的同时，将其改造成一个可容纳他们现有的家具及旅游纪念品的住宅和创意工作室。

业主在定居中国香港之前曾在多个国家生活过，纽约则是给他们留下最深印象的地方。设计师借鉴周围工业元素，并将它们穿插使用在纽约阁楼的设计理念中。当你置身于室内，不向窗外看的时候，犹如置身于曼哈顿下东区的阁楼中。当你望出窗外，又立刻回到了香港。在香港设计一个仓库类型的纽约阁楼的想法看起来很不寻常，然而它却最能毫无违和感地融入周围的工业环境。

改造前的空间是完全开放的，没有分区，未隔出厨房或卫生间，且整个空间只有一面临

窗。这样的空间如何规划布局才能更好地引进阳光，方便业主活动，对设计师来说是一大挑战。设计师的解决方法是将空间分成两部分——私人的和公共的。穿过一扇老旧的未做任何改动的工厂大门，来到最迷你的仅包含了一张长凳和一个鞋柜的玄关。推开工业推拉门展现在眼前的是一个摆满了用品的工作坊。出于业主隐私考虑，当他们举办研习班时，整个空间似乎只有一个工作室。然而细看之下，到访者可通过工作室后墙一扇窗户一窥隐藏的居住空间。推开第二扇推拉门，一个宽敞明亮的居住空间一览无余，在寸土寸金的香港，这样的空间是少之又少。因业主特别热衷于社交，喜欢举办各种烘焙课和宴会，所以举办研习班的公共空间如工作室和厨房就设在了离入口最近的地方。由于私人空间缺少窗户，设计师使用钢铁和玻璃推拉门来给卧室和主卫引进阳光。当这些门全部推开的时候，私人空间和公共空间便变成了一个和谐的大空间。

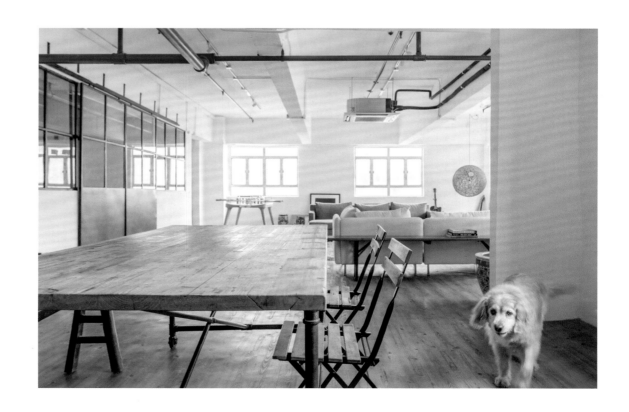

A PRIVATE
VILLA IN
BEIJING

北京·
私人别墅

设计单位：孟也空间创意设计事务所
设　　计：孟也
面　　积：800 平方米
坐落地点：北京

孟也

孟也空间创意设计事务所
设计总监、渡道国际空间
（北京）设计创始人；中
国私人住宅定制设计的领
军人物，中国私人住宅设
计发展见证人。

关于家，我们总是怀揣着想象。理想中的家，
每一处细节都应该是你喜欢的样子。

车库入户门依楼梯而下进入客厅与餐厅空
间，以黄铜打造的楼梯，铺以大理石踏步，
黄铜的表面以特殊效果做旧，以达到丰富的
质感。客厅为整个家定下基调，白色、灰色
和金色协调在一起，现代与古典家具糅合，
简洁的白墙与古典主义的吊顶、雕花、拱门
结合在一起，简约中富有细节。餐厅与西厨
岛台相连，上方有天光洒下，落在艺术感颇
强的吊灯上。开放式西厨岛台，背景墙增强
了空间的仪式感。

工作室有着更加艺术的气质，良好的采光使
得这里在白天和夜晚都能营造出不同的氛
围，是主人独处和工作的最佳场所。下沉式

沙发区一边是定制的红色丝绒沙发，一边是
工作台，黄铜勾勒的书架和 CD 架有着同样
的流线型造型。楼梯和墙面也依然选择黄铜
装饰，工作室的大面积留白，给艺术品更多
可塑空间。

影音室是主人独处时间最长的空间，沙发成
为空间主角，麻将模块可以瞬间转变，随主
人意愿打造不一样的空间，一反影音室的刻
板印象。墙上的装饰画中是崇敬的牙买加唱
作歌手 Bob Marley（鲍勃·马利），这是歌
手与歌手的惺惺相惜。

心中的理想之家：应该是，你有个可以待得
下去的环境。回到家，就想一个人静静地待
着，可以做些什么，也可以什么都不做。你
一个人待着，但是你的心特别特别自由。

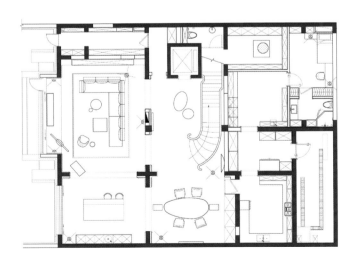

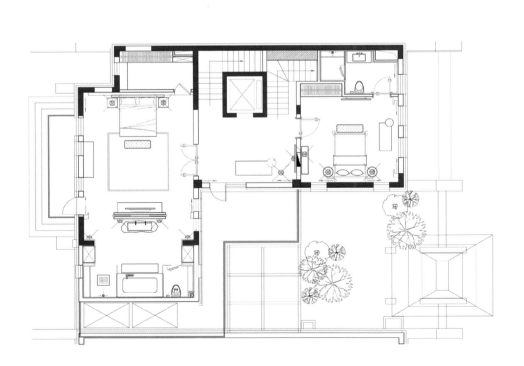

COUNTRY STYLE

乡村
田园

PEACOCK
HOLIDAY
HOUSE
画框里孔雀

设计单位：北京李帅室内设计工作室
设　　计：李帅
面　　积：200 平方米
主要材料：水晶砖、金属板
坐落地点：北京

李帅

北京李帅室内设计
工作室设计总监。

项目当地有百鸟节习俗，故选用百鸟之王孔雀为设计主题。将孔雀羽毛中包含的蓝色、绿色以及紫色蔓延到各个空间及设计细部中，室内外尽可能保留老建筑原始风貌的沧桑美，比如木梁结构、灰瓦屋檐等，在此基础上将之前的老木格窗改为落地窗解决采光问题，将淋浴、浴缸等现代化设备移植到室内满足现代人生活需求。

院落设计保留了原院子内的梨树，巧妙地用金属板圆形与之融合，使之成为一个遮阳观景平台。西院设有时尚水晶砖水吧台，满足使用功能的同时增加时尚元素，东院为下凹式烤火区，结合餐厅二层露台让整个院子更有层次感。整体设计以时尚为主基调突显乡村美的同时，又满足了高品质生活需求。

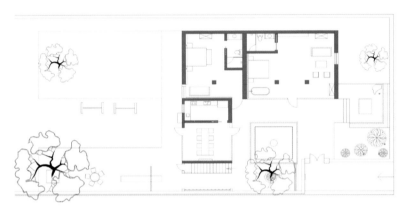

HOUSE AMONG MOUNTAINS

栖于山麓

设计单位：铭鼎空间艺术工作室
设　　计：金丰
面　　积：300 平方米
主要材料：清水砖墙、仿混凝土地砖、欧松板、实木复合地板等
坐落地点：江西赣州
摄　　影：欧阳云

金丰

铭鼎空间艺术工作室
总设计师；广州杰西建
筑与室内设计事务所
联合创始人；广州设计
周 GIA 甘肃地区运营
总监。

新民居
营造手记

故乡，是一个地理坐标，也是一种情感记忆。江西赣南的山间林地，寄放着本案业主的思乡情愫。在广深打拼多年的她，期待以村野和城市之间的二重生活，来缓解久居樊笼的焦躁和疲倦，于是便有了这栋白色房子。

在乡下，新房子常被当作外化的脸面，流于浮华攀比，于是许多半土不洋的欧式小楼就流行了起来。而这座建筑却不然，它方正、纯白，实实在在生于山麓。墙面上不规则的开着一些大大小小的窗户，让方圆数百里的人们着实"奇怪"了很久。庭院周围静怡安宁，郁郁葱葱；山林树影与这白色和谐的呼应着。日月星辰交替，不同的光让它呈现出不同的影像。坐在二楼的露台上端起一杯香茶，望着满眼的绿色，悠然自得。

清水砖墙既是主体结构又是粗犷豪放的内装饰面，性价比优越。简洁利落的线条将各功能区有序分割，容纳更丰富的现代家庭生活。整墙欧松板既是背景结构也形成空间界面，

与仿混凝土地砖和明装线管相互映衬，以温暖的纹理平衡着硬朗的工业基调。

为期一年半的建造过程中，设计团队从实地勘察、平整土地、庭院布局、结构施工直到内装陈设、细部优化等全程跟踪指导，使设计方案得以最终呈现。化粪设施消除了乡村生活的排污尴尬，有机垃圾发酵后用作肥料亦能"反哺"菜园。质朴高效的设计理念还体现于就近取材，于本地购买简单实用的建筑材料，构成在地性与现代性结合的理想之家。

本案的极简气质与乡村已有的业态差异化，使得设计价值最终释放，超越了邻里的狭隘界限，将"怪异"化解成"新鲜"直至释怀接纳。在如火如荼的乡建大潮中践行了一次理性的回归，为当代乡村生活方式提供了某种参照，在从众与自立之间找到了协调的比例，开掘出一面真实而深刻的心境自留地。

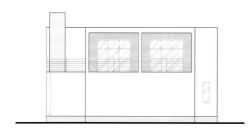
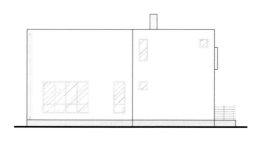
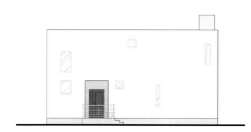
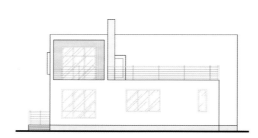

SONG HOUSE AT NANSONG VILLAGE

上海奉贤
南宋村宋宅

设计单位：张雷联合建筑事务所
设　　计：马海依
参与设计：洪思遥、黄荣
面　　积：280 平方米
坐落地点：上海
摄　　影：姚力

马海依

米兰理工大学设计学
本硕学位，张雷联合
建筑事务所助理合伙
人兼室内设计中心主
任。

一家人
的城乡

故事的缘起是委托人老宋居住在奉贤乡下需
要照料的老母亲、年久失修的老屋危房；以
及辛苦工作的孝顺儿子老宋在上海城区的住
所难以给老人提供舒适独立的居住条件，老
人也完全不能适应上海顶层阁楼的蜗居生
活。

设计延续奉贤当地新民居二开间朝南的空间
格局，在规则方正的体量中心运用新民居不
常用的天井，形成空间和生活的中心。5 个
有确定使用对象的卧室和不同尺度的公共空
间围绕天井布局，形成独立性、私密性和公
共性交织互联，兼具仪式感和归宿感的家。

一层的起居室、餐厅和天井，二层的家庭室
和外挑阳台，三层的活动室和大露台，建筑
内部丰富的多层次室内外公共空间通过室内
和庭院中间两个楼梯串联，是营造家庭归属
感的重要场所和催化剂，而老人之间、特别
是老年人和青年人及小朋友之间的日常交流
互动是老年人保持正常思维能力促进身心健
康的重要因素。适老性住宅除了在功能上满
足老年生活的需求，让他们感觉用起来很方
便很舒服，更需要得到年轻人喜欢，年轻人
带着孩子多回来陪伴，才是老人最开心的事
情。

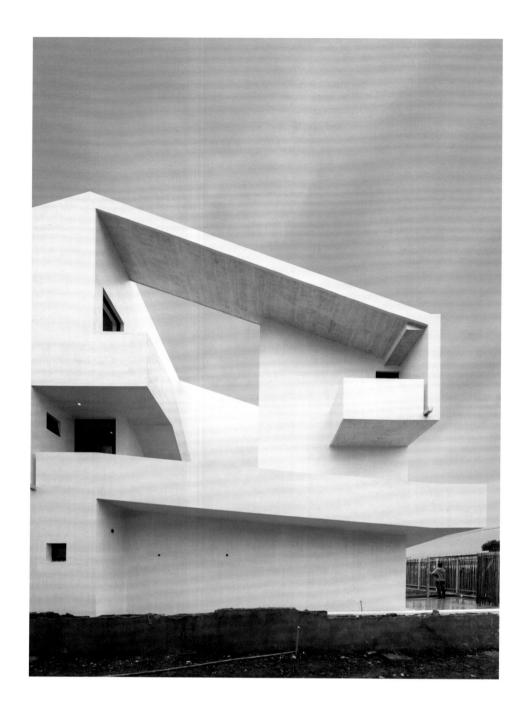

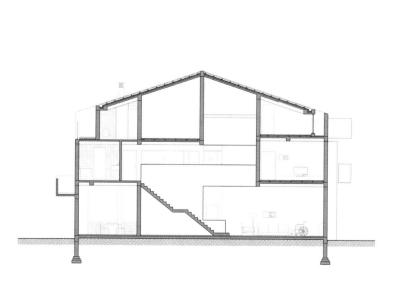

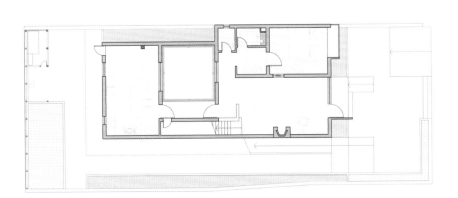

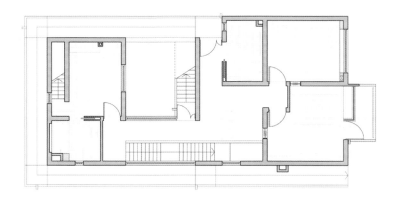

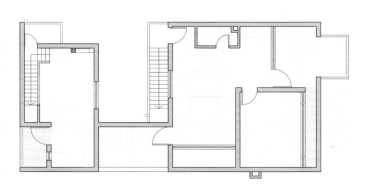

AMERICAN AND EUROPEAN STYLE

美欧
风格

DAYLIGHT
AT 18°N

北纬 18 度——
日光

设计单位：ACE 谢辉室内定制设计服务机构
设　　计：谢辉
参与设计：王琦琅、赵素冰
面　　积：900 平方米（含花园）
坐落地点：海南三亚
摄　　影：李恒

谢辉

ACE 谢辉室内定制设计服务机构设计总监，健康住宅倡导者。

北纬 18 度线，它把夏威夷、加勒比海、迈阿密等度假胜地串联起来，而在中国，北纬 18°穿过的也正是度假胜地——三亚。日光倾城，阳光洒进房间，风吹起纱帘，梦中的白房子干净纯粹。

这里是家庭繁忙生活的一个驿站，也许很多时间并不在此停驻，但每当来到这里就会感到喜悦和轻松，家人的欢笑和爱会充满空间的每一个角落。所以放松和团聚，是我们想要表达的意图。

本案将客厅餐厅等"动区"放在了阳光充沛的一层，卧室则放置在了更为安静隐私的负一层。但是三亚看似阳光明媚的天气背后不可忽略的是闷热潮湿，原户型结构负一层光线暗淡、空气潮湿。如何解决这个问题是我们不得不着重去考虑的，于是在户型改造中，将一层的花园"下沉"到负一层，阳光和风便可自由穿行于每一间卧室，也不会打扰清静的睡梦。

每一个空间都需要有它的调性，这里的一切都是简单和放松的。白色贯穿了所有的公共空间，就如我们想要呈现的生活方式一般，放下繁琐和复杂。此时此地，在这里放空自己，享受生活。而客厅围合式的沙发和餐厅的圆桌，拉近了家人的距离，更让团聚时刻增添了热闹的氛围。

家人团聚的时候总是很热闹，如何能让所有人都可满意的住下，是我们要解决的另一个问题。双人床、榻榻米的设置强化了卧室的居住功能，同时活泼的色彩增添了空间的趣味性。每一间卧室都附带独立的卫生间，有着特别的方便和舒适。

起居厅的蓝色，流露出安定和平静，缓慢舒适的日常在这里展开。这里既是学习和休息的区域，这里也有陪伴与守护。墙上的部分挂画是孩子们的作品，伴随着孩子的成长，家里的某些画面和场景会让他一辈子都不会忘记。

如日光一般干净纯粹的白房子，永远都有夏日的阳光和微风，当世界扰乱了心绪，可在此歇息，和日光作伴，与月光相望。

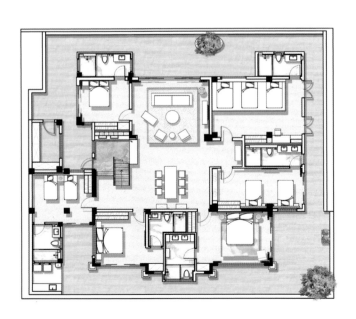

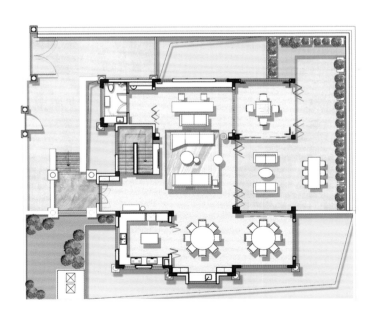

TIANJU VILLA, CHONGQING

新江与天矩
别墅

设计单位：重庆宗灏装饰设计工程有限公司
设　　计：刘增申
参与设计：冉茂伟
面　　积：880 平方米
主要材料：复古砖、实木墙板、原木地板、墙布、马赛克等
坐落地点：重庆
摄　　影：张骑麟

刘增申

中国著名高级室内设计师、
高级室内建筑师，IFDA 国
际室内装饰设计协会高级
会员，重庆宗灏装饰设计
工程有限公司创始人、执
行董事、设计总监。

重庆简称"渝"，既以江城、雾都、桥都著称，又以山城扬名。在这座城市长大，歌曲、小说中描绘的那些英雄故事离我们其实并没有那么遥远，因为在这城市的任何一个角落，你都能看到那个年代的历史痕迹。天钜踏着历史向前推进的川流，融合了东方的神秘和现代的张力，展示东方摩登的新格调，打造有温度、有情感的"家"，并纳入多种混搭风格赋予空间以情感表达，实现文化、艺术、生活三者间的相辅相成。

不同于传统的东方，设计师摒弃了所谓的"风格元素"，汲取现代设计的精华，将历史积淀、文化传承融于空间当中，通过意境塑造文化自信。游刃有余的素雅色彩与材质中的含蓄凸显着意境，色彩的对撞经由深灰色系调和，空间的庄重与质感油然而生，白色在配色哲学中偏冷淡无形之中将东方意境娓娓道来。

一席清透淡雅的白色窗帘晕染般缓缓散开，让鲜亮的绿色与蓝色自然过渡，大处见刚，细部则柔，与周围的大环境形成一种反向张力，此刻，窗外景色悄然而至，吹着晌午流进别墅的风，尽显静谧。大面积采光和极佳的视野，营造轻松自然的空间氛围，却不乏私密性的保护，更以高品质的柔软面料打动人心。博古架立于丰富且干净纯亮的背景之下，既分割了空间动静关系又增添了一抹淡淡的神秘感，当陈列物品放置于上，中国传统气韵油然而生；古香古色的桌椅有着中式独有的情怀，餐具、挂画、瓷器东方意蕴呼之欲出，现代简约的欧式墙纸深邃中注入了微微清风，墨绿色拼贴砖浪漫又清新，一旁的玻璃窗倒映花树的影子。

设计作品，一直讲究功能与美学平衡。色彩不该是冷冰冰或单调乏味的，它来源于生活，也是表达对生活的态度，正如"参差多态才是幸福之源"。色彩是自然而然洒下来的，希望空间具有实用主义下，还有温度。城市、自然、空间、人四者和谐共生，是通往更美好世界的基石。而在现当代充满钢筋水泥味道的城市中，对于历史文化的敬仰也对未来文明发展的憧憬变得更加奢侈。

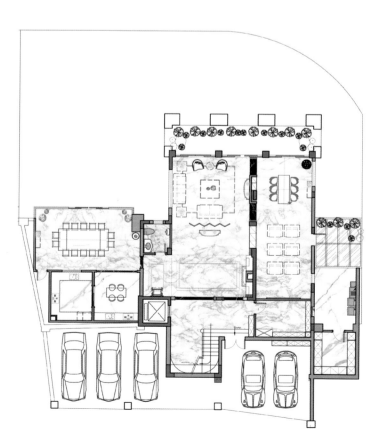

VILLA AT MEIHUA GARDEN, SHANGHAI

美华·
某别墅

建筑修复：本杰明·伍德
设计单位：WJID 维几设计
设　　计：黄全
面　　积：350 平方米（室内）、600 平方米（庭院）
坐落地点：上海
摄　　影：释向万合

黄全

中国"80后"室内设计领军人物，提出用现代化的设计语言诠释东方传统文化，以符合当下审美的设计理念。

在老上海人的记忆中，美华邨是上海当之无愧的第一国际社区。百年美华邨，充满古典艺术气息和人文修养，空间艺术的极致品位演绎着最纯粹的海派风情，血统尊贵的豪宅气质更是让当下的高端住宅难以企及……

负责美华邨某别墅建筑修复的是建筑大师本杰明·伍德，室内设计及软装陈设则由设计师黄全担当。在此番设计的过程中，本着"修旧如旧"的特点，将人们对于美华邨的依恋与现代生活进行平衡，以近乎完美的设计，成就上海又一奢华人居地标。别墅设有多处入口，随意打开便是绿意盎然的私家庭院，伴随着阳光将自然灵气带入室内。红砖墙包裹的外衣下，设计师黄全用温婉的笔触描摹岁月迭代的点滴，复古的场景为新故事奠定结构，时代的感知和记忆被唤醒。站在缅怀的过往揭开崭新的生活并非易事，昔时旧忆如倾倒的光珠，温柔地散落进现世的美学里……

从建筑外观到室内，拱门设计无疑是空间中最引人注目的亮点，经典的几何线条在空间交汇处划下潇洒自由的一笔，破格又落定，促成双空间的融合，每一个构件都在美学态

度的牵引下找到最合适的表现形式。起居室背景展示墙，以混搭风格铺陈出洛普普的叙事展现。设计师用跳色的编织盘与抽象艺术画将微量的彩色叠加进黑白灰的间隙中，呈现出别样、细腻的风情。而左下角的守护猫，一如埃及传说中神秘的幸运守护者，正顾盼着明亮通透的窗外，不断朝曦夕映的美好时光。

素净的米白色为空间的主基调，复古横梁与老上海窗格将空间轻柔切割，连带着映入室内的光也多了几分雅致。室内的陈设细节表达了黄全将别墅与自然融为一体的设计思维，花卉、木条、乃至墙上的艺术画作，都用若有似无的自然元素注入访客脑海中，余韵悠长。在开放式餐厅汇入尊贵的墨绿色，温情而清醇，神秘中带着些许明朗，似幽深林间漫溢出的一屡清泉，在海派复古格调中自在游畅。休息区设置了参差错落的琉璃荷叶顶棚艺术装置，用现代的手法将东方的美学意蕴糅入空间表达，展现不一样的东方风情。恬静淡雅的木香始终萦绕在每一寸被日光照射过的地方。艺术是嵌入时光罅隙里的微尘，须臾漂浮后又在想象的犄角落定，以一种持续发生的状态，从容地生动着……

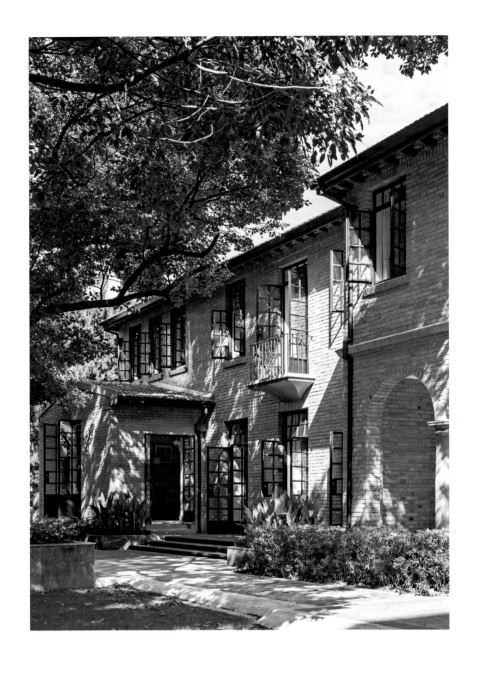

AUSTIN VILLA, WESTERN SUBURB, SHANGHAI

上海西郊
明苑别墅

建筑修复：南京测建装饰设计顾问有限公司
设　　计：刘延斌
面　　积：约 2000 平方米
坐落地点：上海

刘延斌

南京测建装饰设计顾问有限公司创始人、总设计师；同济大学读诗建筑设计院室内设计分院院长。

本案位于上海的传统别墅富人区：长宁西郊板块的明苑别墅。业主是位成功的商界女性，设计师在充分与业主沟通想法后，运用自己独到的笔触，将法式新古典主义与现代主义这两种装饰风格巧妙、和谐的融合在整栋别墅当中。

一层空间以蓝灰色和白色为主基调的法式新古典主义装饰风格，表面饰以蓝灰色油漆的精致木线条与木质雕花组合出的木墙板墙面，以及装饰镜面营造出高贵典雅、清丽脱俗的空间氛围。高达5米的客厅将华贵的氛围与不凡的气势，淋漓尽致地表现出来。由高品质不锈钢、昂贵石材及丝绒为主材的意大利现代风格家具，与环境相互衬托，形成传统与现代、典雅与时尚、亚光与高光的对比，从而使空间打破传统空间的沉闷，显得几分灵动。

二层和三层主要为起居室、客房和主、次卧室以及茶室。在装饰风格上，主要是以木色为主的现代风格。木，给人以宁静、柔和的感觉，设计师亦希望入住进来的人，能感受到远离城市喧嚣的一份安宁和心静的感受。所以，在居住空间中并没有加入过多复杂奢华的装饰手法，而是以字画、小摆件等人文气息浓郁的装饰品来丰富空间，使人感受得到温暖。而负一层则是酒窖、酒吧、影视厅这些休闲娱乐功能。采用欧洲乡村风格，以榆木做旧为主材，以创造出轻松、休闲的空间氛围。

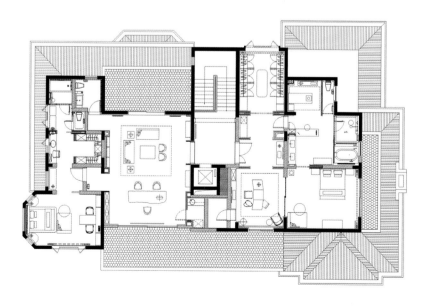

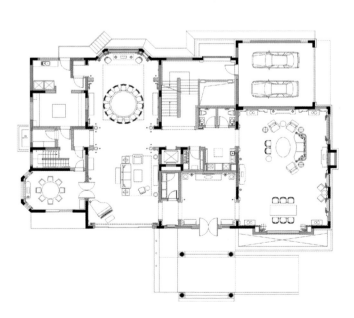

SOUTHEAST ASIAN STYLE

别 样
东南亚

XIJINYUAN VILLA AT TAOYUAN COMMUNITY

桃花源
西锦园

建筑修复：北京居其美业室内设计有限公司
设　　计：戴昆
参与设计：刘芸芸、肖宏民
面　　积：1084 平方米（室内）
主要材料：壁纸、木作嵌金属条装饰、壁布硬包墙面、木色屋架
坐落地点：浙江杭州
摄　　影：傅兴

戴昆

著名建筑师及室内设计师，北京居其美业室内设计有限公司执行总裁，投入大量的精力于色彩流行趋势和相关产品设计的研究。

项目希望表达这所中式传统山水建筑园林中的大宅，不仅能传承东方审美的易趣，还能满足现代西式居住的舒适性。达到两者的相互交融与共存，我们在探索着一种独特互通的设计语言。

入户过廊有意放松地面，只在石材收边处点缀一点中式纹样，把重点放在结构列柱和顶棚结构上。照明点面结合地落在几处新派装饰画、家具及饰品上，几株迎春从青花瓷瓶中舒展开来。从过廊进入客厅，恰似展开一卷风格秀丽，气质细腻的工笔画。整体色调取自青釉的色泽，在高贵中带着优雅。西式白色布艺大沙发搭配中式风格点题的松绿钢琴漆石材面大茶几，黑底描金漆画与藤编壁纸基底透出的银箔熠熠生辉。

外廊一池碧水旁就是家庭厅了，是一家人共享天伦之所。有感于陶渊明田园诗的意境，室内整体色调以青绿点题，图案以碧草嫩芽和待放含苞来陪衬，通过特别定制的数码喷绘布艺将整个房屋立面包裹，柔化的空间让人身心放松。素净白的自然脱色做旧家具，棉麻搭配的布艺，自由伸展的根茎上点缀几颗珊瑚贝壳自成一景，且带出闲情逸趣的诗文情怀。

曲径通幽处，禅房花木深，女主人书房设在园中最是安静的一隅。跟随流水蜿蜒，小溪潺潺的意向便是这里静谧的调性了。冰蓝色的清透在丝质窗帘与地毯上折射细腻的光泽，白纱罗帐透出花格窗外朝暮黄昏的光影游走。晶莹剔透的水晶台灯，幻彩的贝壳首饰盒，一瓶幽幽沁香的野花，感受时光深处的岁月静好。

二楼主卧玄关及主卧的色彩灵感取自传统粉彩瓷器的娇媚柔和。浅卡其色高光漆嵌中式线条的金属铜条，全皮质床上选用丝质缎子的面料，色彩柔和中求对比变化，图案似是白描和水彩，质感肌理饱满，层次丰富。萦空如雾转，凝阶似花积。双亲房内取古人咏雪寄情的情思，打造出纯净的雪白意境，色彩控制在冷暖灰白之间，只在肌理质感中寻求微妙的变化。

进入地下娱乐空间，与楼上形成鲜明的对比，意在凸显浓墨重彩的视觉冲击，色调上绿意红情，图案繁花似锦，灯光营造一种幽暗暧昧的氛围。

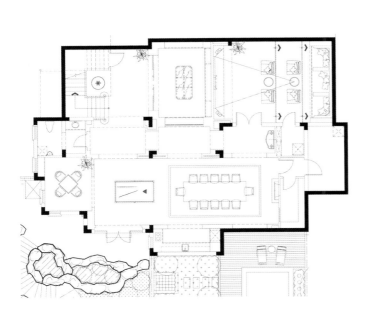

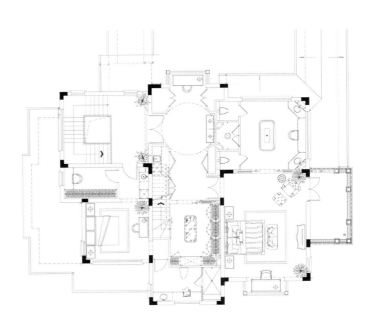

LUXURY VILLA
IN DALI

大理·
苍海一墅

建筑修复：重庆品辰装饰工程设计有限公司
设　　计：庞一飞、袁毅
面　　积：180 平方米
主要材料：做旧实木地板、硅藻泥、爱情海灰石材
坐落地点：云南大理

庞一飞

重庆品辰装饰工程设计有
限公司董事长。

袁毅

重庆品辰装饰工程设计有
限公司副总，中国建筑学
会室内设计分会 CIID 成
员，重庆市室内设计企业
联合会（CIDEA）高级会
员。

设计师将半地下室的空间关系重新梳理，目
的是让可以看见的柔和日光渗入室内。策划
一个理想的下午，与悠闲一起散步。逛逛当
地的菜市场，亲自为亲人或者朋友挑选食材，
准备丰盛的晚餐。发现生活中难以发现的想
象世界，酝酿出许多鲜活的灵感，让创意能
量不断累积。定制的波斯地毯、羊皮手工灯、
室内的暖色光线，让人想窝在室内。

冬日暖阳，坐在户外坐席，一杯茶，看着飞
鸟白云，光是这样呆呆地望着心情就会很好。
隐隐约约可以看到不远处的炊烟和昨日泛舟
的洱海，这样的空间纵享大理的所有，没有
观光客的叨扰，在此静想，感受生活的美好。
多少次到大理，新鲜感的期望值，已被它不
断提升，感觉总要吸收些许与众不同。将区
域的纯粹、质朴及丰富的老时光生活感让居
住的人足以回味。

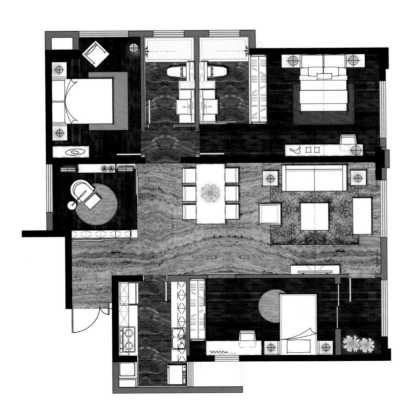

B3 VILLA AT WEST LAKE WETLAND

珠海西湖湿地
国际花园
B3 别墅

建筑修复：深圳高文安设计有限公司
设　　计：高文安
参与设计：李雪怡
面　　积：562 平方米
主要材料：世纪米黄云石、实木、肌理漆、钢化清玻璃、木百叶等
坐落地点：广东珠海
摄　　影：KKD 推广部

高文安

香港建筑师学院院士，英国皇家建
筑师学院院士，澳洲皇家建筑师学
院院士；1976 年创办香港高文安
设计有限公司；2003 年创办深圳
高文安设计有限公司；2007 年成
立深圳高文安企业管理有限公司。

一步一景，一景一境，有故事可讲，有心境可寻。室内设计，自然原始的东南亚一定是复古的？这种思维定式无疑是不正确的。本案以现代休闲作为设计构思，结合东南亚民族岛屿特色及国际精致品位，不同于欧式的奢华和中式的平和，东南亚风格的用色与丰富的生活情趣更能营造浪漫氛围。

"霜叶红于二月花"的枫树，玄关里风情曼妙的编织灯罩，渲染出家的如火热情。而静谧的金身坐佛塑像，点染东南亚令人心安神宁的禅味。

印尼古董雕花木门，关上是百年历史的惊鸿一瞥，推开是包容"夏花之绚烂，秋叶之静美"的秀美生活。双会客区与挑空二层的设计突显大宅的阔气，室内装饰吸取东南亚风格精髓，弱化了宗教色彩，同时融入了时尚简雅的现代元素，在清净幽谧中守住一片繁华。

餐厅的立面处理手法上多用木材、肌理漆及石材，选用木色、米白色的家具呼应自然、舒适的空间基调，搭配东南亚民族服饰做成

的墙面挂画，海洋风情的海螺吊灯，营造海边度假的浪漫情调。地下娱乐区，通过空间功能分布的流线关系来组织布局，围绕着采光花园，书房、健身房、影视室、品酒室贯穿连通，以现代简约设计手法铺陈场面，浓烈东南亚色彩的元素符号仅作为点睛之笔，结合天光云影与灯光的变化，营造出一步一景的东南亚风情。

主卧的色彩变幻需要设计师对颜色有着天然的敏感，以及足够的功力才能驾驭。橘黄、凤梨金、蔷薇红，色彩丰富却不凌乱，大胆的跳色增添空间年轻态的活力，而原木、大理石材质的大量运用，赋予居室港湾般的温暖质感。客卧的装饰去繁从简，一个抱枕，一盏吊灯，一幅挂画，就足以晕染出东南亚的自由悠闲味道。设计的匠心和意趣是把生活的舞台交给环境，让湖景与高尔夫果岭的风光"随风潜入梦"。

西湖湿地国际花园别墅，一种从浮华走向平实、从喧闹回归宁静的生活方式。

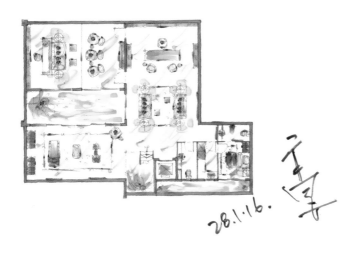

28.1.16.

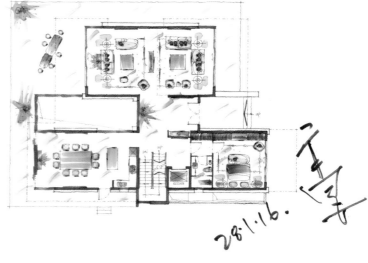

28.1.16.

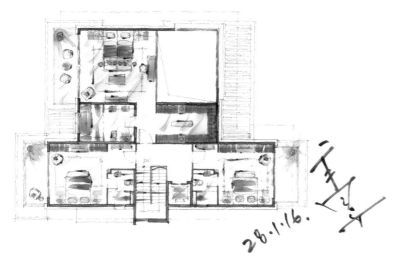

28.1.16.

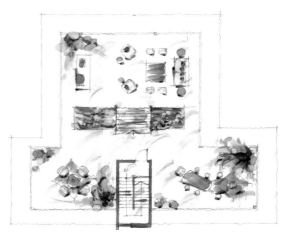

RENOVATION

旧宅
新生

HUTONG
COURTYARD HOUSE
RENOVATION

灯市口
住宅改造

设计单位：B.L.U.E. 建筑设计事务所
设　　计：青山周平、藤井洋子、刘凌子、杜昀曈、陈建盛
面　　积：43 平方米
坐落地点：北京
摄　　影：锐景

B.L.U.E. 建筑设计事务所

B.L.U.E. 建筑设计事务所成立
于 2014 年，由日本建筑师青
山周平与藤井洋子共同创建于
北京，是一所面向建筑以及建
筑室内设计方向，充满年轻活
力的国际化建筑事务所。

项目位于北京东城区灯市口附近的胡同里。
L 形的狭长房子夹在胡同老墙和一个二层高
楼的外墙之间，居住着三代共 6 口人。改造
通过增加大面积的天窗以及通透的玻璃立面
解决原先的采光问题。

一层根据人在不同功能空间的活动高度，自
然形成了几个高高低低的木头房子。在保证
每个家庭成员有着相对独立生活空间的同
时，创造一个整体的连续的开放空间，增加

了人与人之间交流的机会。通高的公共走廊
部分和胡同相连，像是胡同街道的延伸。

二层的儿童空间是另一个连续层叠的"立体
胡同"，为孩子们在室内创造一个可以像户
外一样开放自由的游乐场。通向后院的大门
采用木质框架和透明玻璃，可以整体打开，
任何时候都可以将庭院的风景引入室内，人
的活动可以同时在庭院进行，室内外互通，
与自然融合。

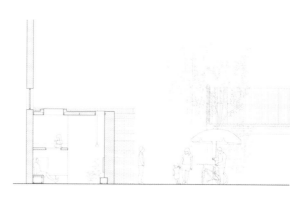

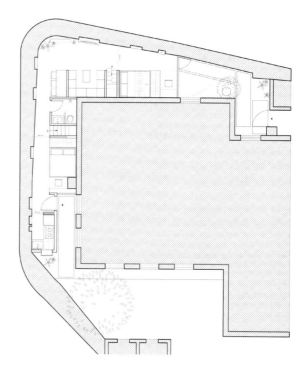

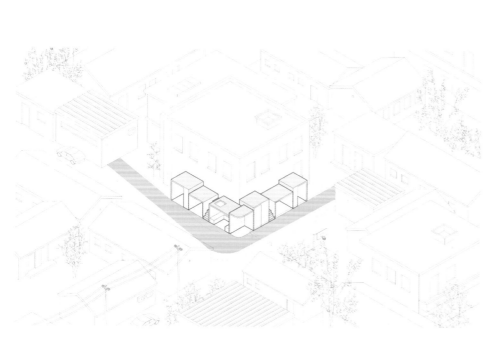

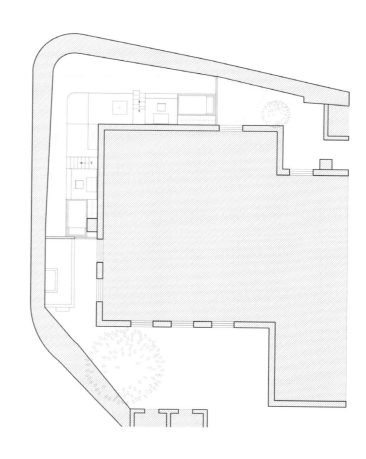

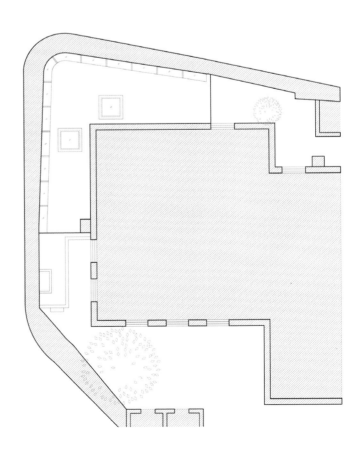

A WHITE HOUSE,
A GROWING HOME

一个白色房子，
一个生长的家

设计单位：RIGI 睿集设计
设　　计：刘恺
参与设计：杨骏一
面　　积：240 平方米
主要材料：金属板、烤漆、毛毡、艺术涂料
坐落地点：上海
摄　　影：田方方

刘恺

RIGI 睿集设计创始
人；潮牌 L-HOUSE
主理人；东华大学校
外研究生导师。

在上海一个普通旧里弄之中，刘恺设计了一个三层白色的住宅，这并不是一个拔地而起的新建筑，它位于一个自然的状态形成的街区，这些房子承载了上海的记忆。原建筑1947 年竣工，由三层组成，面宽 5.5 米，深度约 15.2 米，南北朝向，南北各有入口。由于内部复杂、隔间多、深度深，整体室内采光较差，建筑修建时间较早，建筑局部构造有修复结构需求的可能，因此设计师为建筑整体做了加固设计，并统一了整个建筑的层高，将原来位于北侧的楼梯全部拆除，将天窗和楼梯设置为建筑的中心，重新塑造了整个三层的逻辑和形态。将钢板楼梯穿孔之后，可以起到透光的作用，楼梯围绕自然光天井自一楼起循序向上，让整个家都围绕着天光垂直的延展。

在一楼的设计中延展了半开放的区域，模糊了室内外的界限，原来孤立的院落和三层空间在改造后有了新的对话关系，半户外阳光空间，为客厅空间增加了足够温暖的气息。阳光、植物、室内、室外，模糊的场景界限让空间和生活场景中随意切换，院子中预留了一个树洞，春天的时候种上的树木，随着这个家与孩子一起成长。时间也是设计的一部分……

阳光房客厅、餐厅与厨房在一楼的设计中形成一个完整空间，空间是属于生活之中的每一个场景，不被功能所定义。设计了一整面模块化的家具墙面，可随意装配组合的配件，随着主人的生活慢慢的变化。二楼设计中将门和储藏空间隐藏在墙面中，创造了一个干净且完整的区域。小朋友的床和书桌以及仓储用设计连接在一起，给孩子一个更大的世界，站在另一个维度去理解这个不停变化的世界。

由钢板楼梯围绕自然光天井自一楼起循序向上，可以看到改造过的天窗和垂直采光窗以及一个纯户外空间，这是改动最大的区域。整个建筑的源发点就是从阳光和垂直空间开始。主卧保留了原始建筑的坡顶结构，将衣帽间和卫生间统一在一个盒子之中，最大限度的保留了原始建筑的形态，在本来并不大的空间中创造了新的关系。

房子并不代表家，家永远是属于自己的家人的地方，承载了人们每一天的生活，是一个容器，承载着实践、经历和希望。而设计，应该是给生活更多的宽容。这是一个 70 年的房子，很多年见证了很多人，这一刻，它好像新生了，这是我们生活的意义：要更好。

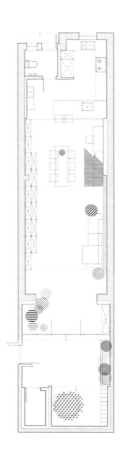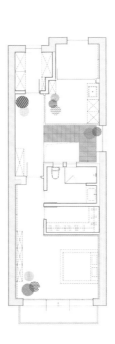

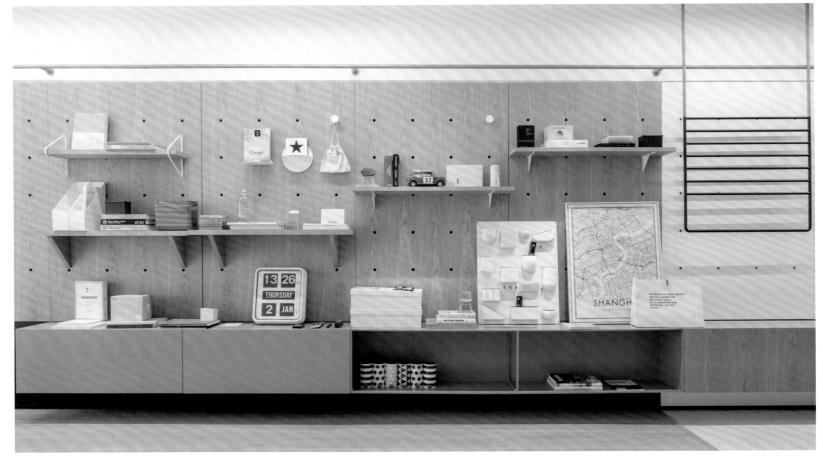

HISTORIC HOUSE RENOVATION IN SUZHOU

平江路
老宅改造

设计单位：上海亚邑室内设计有限公司
设　　计：孙建亚
面　　积：147 平方米
主要材料：木饰面、磐多魔
坐落地点：苏州
摄　　影：孙建亚

孙建亚

上海亚邑室内设计有
限公司创办人／设计总
监；上海飞邑空间设
计有限公司创办人／设
计总监。

废墟上的家

老宅始建于清末，是汪家祖宅，位于苏州历史风貌保护区平江路上，也是平江路上的唯一私产。原始建筑已完全成为废墟，无法住人，除去天井面积，整个房子建筑面积只有96.41平方米，原是五进大宅，现只有第二进尚存。年久失修的房屋坍塌了，堵住原本入户门，人们要想进到祖宅只能从过道上的小矮窗通过，房顶只剩下孤零零的房梁。汪家祖宅的北墙和西墙与邻居紧相邻，周围邻居都加盖了二楼，只有东墙可以采光。岁月变迁，祖宅的大门原本开在较为宽阔的东面，如今只能被移到阴暗狭窄的公共走道上，也是这条巷弄所有住户回家的必经之路。进入汪家老宅的通道最宽处90厘米，最窄处仅有70厘米，从街口到老宅距离将近100米，再加上狭窄弯道，运输材料成了大问题。对于北面老墙，北面邻居在加盖二层时，把一部分墙体架在老墙之上，如果拆除老墙的话，势必影响邻居墙体。老宅西墙不仅结构酥烂、松垮，西面墙体与邻居墙体之间的粘连交错更为复杂，厚达30厘米、长10米西墙无法拆除。

由于汪家祖宅经常遭受江南多雨潮湿气候侵袭，改造团队为老宅做了一个全面防水，采用柔性防水墙面涂料，同时加入集水井设计，就连公共走道以及与邻居相接墙体之间的防水也考虑相当。经过设计师精巧极致设计后，建筑在苏式建筑风格中融入了现代元素，原本沦为废墟的老宅变为一间极富特色、简约时尚的苏式民居。

设计时严格按照苏式民居风格，采用硬山屋顶。把天井从原先进门处移至老宅中央，形成回字型，通过天井采光、通风。在唯一有采光的东面增加了一面超大玻璃窗，进而让室内的光线更充足。由于规划老宅高度被严格限制，设计方案增加了阁层，虽然增加了空间，但是也牺牲层高。对于尺寸把控非常严格，比如水泥浇灌楼板厚度只能10厘米，预埋在楼板中的排水管也是走屋顶钢梁中。江南多雨，由于一楼较潮湿，墙体涂料全都采用柔性防水涂料，甚至连公共走道及与邻居相接墙体之间的防水也考虑相当。

硬山屋顶的设计不仅使整个屋子在造型上更为新颖，也让其在空间利用上更为开阔自由。客厅保留了建筑原本高度，挑高空间让视野更为开阔，超大玻璃窗充分引入自然采光，使室内更为明亮柔和。开放式厨房新增西厨料理台，圆了女主人想要大大厨房梦想。主餐桌旁特意保留的老墙印刻着这座老宅百年历史，被保存下来的老宅青砖也被重新砌成新墙，给汪家人一种对老宅的怀念。被移至屋子中央的天井，不仅优化了房子采光与通风，更把自然绿意融入到室内。一楼主卧专为两位老人而设，原木色地板、白色墙面，干净明亮。超大储藏空间满足了一家人储物需求，二楼两间套房留给了女儿一家，新增两个宽敞露台不仅补充了二楼采光与通风，还给一家人增加了亲近自然，休息与放松的场所。

UNBOUNDED HOUSE RENOVATION

无界之居——
旧房改造

设计单位：汤物臣·肯文创意集团
设　　计：谢英凯
参与设计：于娇、余江堺、叶剑昌、丁瑶涵、王靖、宋玥宸
面　　积：375 平方米
坐落地点：广州
摄　　影：黄早慧、吴团江

谢英凯

汤物臣·肯文创意集团执
行董事、设计总监；中国
建筑学会室内设计室内设
计分会理事会副理事长；
广州美术学院建筑艺术设
计学院客座教授。

这是广州一座百年老宅改造，本次改造委托
家庭常住人口4人，分别是委托人冯老太太、
她的第四个儿子和儿媳、小孙子。逢年过节
还会有三五个兄弟姐妹回来短暂居住。房子
建于1919年，冯老太太9岁从马来西亚回
广州读书，便一直住这里。老屋充满了她和
爱人还有5个孩子的成长回忆。

老房共三层，位于广州中心老城区，是典型
两两紧密相邻旧式临街洋房。这种房型结构
普遍偏狭长，加上老房本身不合理的窗户设
置，造成自然风和光线都难以进入房屋，存
在着严重的阴暗潮湿问题。而由此导致的白
蚁泛滥，还有房屋自身因年久失修出现的结
构问题，都困扰着一家的日常起居。除了房
子物理结构问题，这个家常住成员的变化也
使得以前的房屋格局不再满足他们现有生活
需求。几十年前房子里住着冯老太太、她的
爱人和5个孩子，为了满足7个人起居生活，
房屋被切割成了非常多个独立空间。而今住
在里面的只有4口人，这些空置而隔绝的独
立空间却成为了这个家的"隔阂"。针对项
目结构特点和家庭情况，设计师提出了"无
界之居"的设想。

原本建筑分正间和偏间两大板块，它们之间
却全被实墙隔开。设计师决定首先要打通屋
内这两大板块，通过拆除隔绝正间和偏间的
承重墙，重新搭建钢结构改变整屋空间布局。
第二步设计出集中家人主要移动线路的核心
筒（楼梯＋电梯），把原本分散的房子结构
进行归一重置，利用核心筒连接各个功能空
间，实现每个房间相互连通。打破种种无用
空间隔断，归整整个空间布局后，人们可以
在房子内自由无阻地游走、碰面。同时通过
前后院、天窗、开放式空间的利用引入更多
阳光，解决通风采光问题。原本一层是两个
房间间隔开的封闭布局，设计师选择打破这

种矩阵界线，重新融合创造了一个宽敞通透
的新空间。再通过不同家具的陈设，为这个
空间有序地定义了丰富区域功能。厨房采用
中西厨混合设计，通过移动悬挂挡板，可以
任意变换成封闭式的中式厨房，或开放式西
厨。厨房操作台也延伸至户外花园，天气晴
朗时家人可在此喝咖啡看看云。

冯老太太爱人已过世，但他一直是这个家庭
的灵魂人物。他曾在国家陷入战乱时选择
从海外归国抗战，明明是工学院的高材生，
在岭南画派中却找到自己一席之地。他的许
多精神在几十年来一直影响着这个家的每个
人。"这个房子更重要是用来纪念我们的爸
爸"，这也是委托人儿子告诉设计师的诉求。
于是设计师在房子二、三层之间，打造了一
个专属于这个家的跨层休闲文化空间，用以
纪念这位父亲和他带给这个家庭珍贵的记忆
和传承。一家人平日可以聚在这里，用投影
看看过去的家庭影像，或是一同鉴赏老父亲
的画作，再互相讲讲以前趣事。

各个家人卧室都被安排在二、三层。卧室设
计在保证各自私密性的前提下，利用中空、
相对的窗户、巧妙的房门位置安排等手法，
创造了许多视线交叉点，试图让房子的界限
不再那么严密明晰。考虑到老太太孙子已到
适婚年龄，未来组建家庭的空间需求，设计
师把他的活动空间独立安排在三层。孙子的
房间紧连着的是独立卫生间和一间备用客
房，两间房的门可以双向开合，变成一间使
用。顶楼是四儿子的工作室和天台花园。设
计师保留了家中原有花色地砖和民国时期的
旧式书柜及转椅，重新使用在工作室里，为
家人营造了有趣的新旧记忆碰撞。改造后每
个空间都会与一个中空或天窗相连，除了能
引入更多阳光，人们只要把窗帘打开，就可
见整所房子里不同角落的场景。

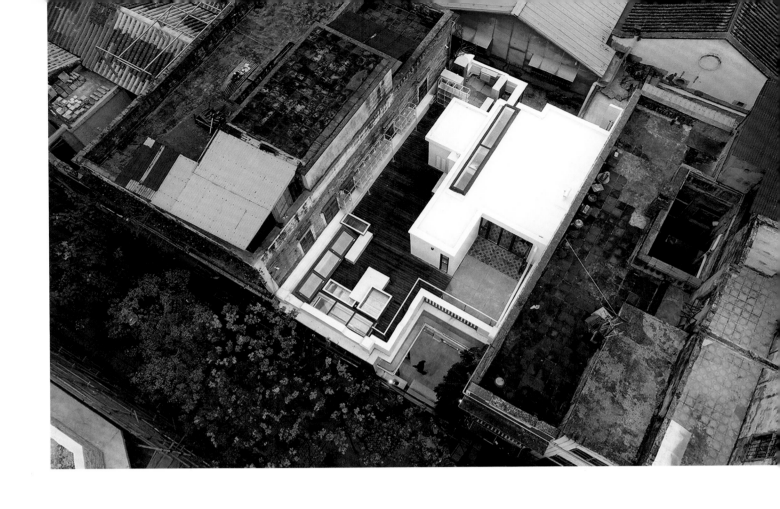

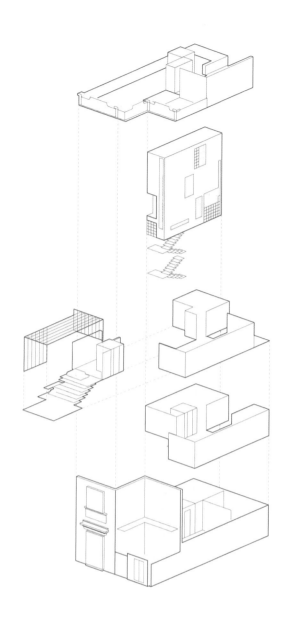

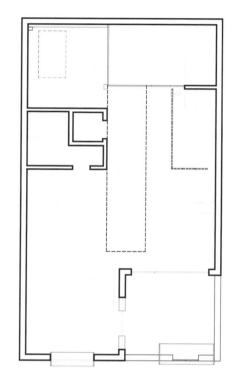

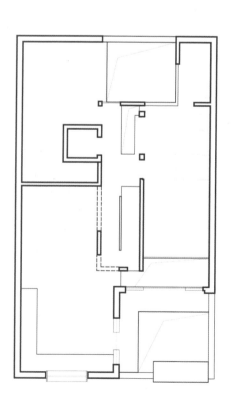

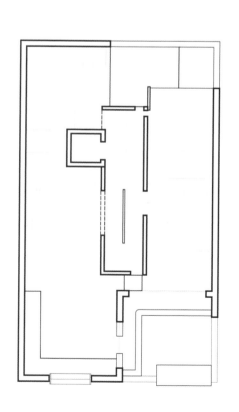

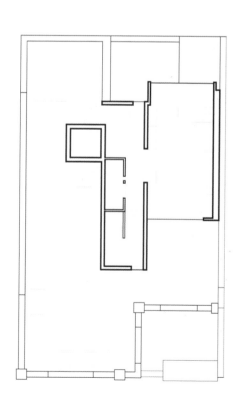

COME INTO
THE LIGHT
和光之居

设计单位：汤物臣·肯文创意集团
设　　计：谢英凯、田芳
参与设计：罗作滔、刘天中 、余江序、潘晴
软装设计：李莉、王靖、阮润斌、袁艺桐
灯光顾问：简永超
面　　积：240 平方米
坐落地点：广州
摄　　影：黄早慧、范文耀、毛迪生

谢英凯

汤物臣·肯文创意集团执
行董事、设计总监；中国
建筑学会室内设计室内设
计分会理事会副理事长；
广州美术学院建筑艺术设
计学院客座教授。

项目是一栋位于广州荔湾旧城，建于约 20
世纪 30 年代间的三层老宅。设计师谢英凯
本次受到的委托是一对 85 后的新婚情侣，
面对已经被立为危险楼房，白蚁蛀蚀、经常
浸水、昏暗无光、与三面邻居共墙共窗等现
实问题，如何植入 85 后初创家庭该有的年
轻元素，同时融合他们埋在心里的恋旧情怀
来改造这间老宅，成为困扰设计师团队的难
点。

老城区绿化空间相对缺乏，设计团队在居所
与自然之间寻求绝对的联系与和谐。在各层
小平台及室内植入绿植，形成仿如一个内外
部混合的立体花园，让邻里和街坊都能感受
丝丝自然绿意，帮助调节城市微气候。

设计第一步将整栋建筑地台提高至 800 毫
米，由于对整体建筑进行了抬高，为了保留
居住者对整个空间视线的开阔性，同时更好
利用了地台空间，首层地面局部下沉，分别
形成会客厅和下沉式茶座。

第二步使整栋建筑分成两侧，南边室内体块
退缩，在满足委托人空间使用需求的同时，
使中间形成天井，倾泻而下的日光在建筑的
中心位置上创造出一种竖向的动态感，将自
然光线引入到每一个空间，同时改善室内的
通风情况。

第三步以天井为核心，再将两边的建筑设计
成错层结构，无论是光和空气都能更自由地
融入到各个空间中，开放墙体，使各层空间
更通透，视觉得以更好延伸。楼梯由一楼串
联各层，形成空间体块，室内动线更加活跃，
一方面让空间与空间之间的互动更明显，另
一方面令人与人、人与"家"更亲密。

满足两位 85 后的共同消遣，创造一个隐藏
的神秘空间与主卧相通。在主卧跃级而上，
满足新婚夫妻在家就能拥有属于自己专享网
咖的心愿。错层的设计让空间与空间形成缝
隙，透过缝隙，家人之间在不同楼层中都能
构建一种视觉或听觉的联系，形成一种新的
陪伴方式，让这个家创造更多趣性的体验。

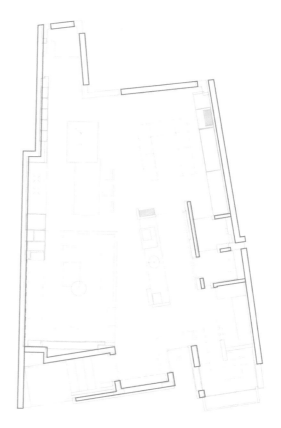

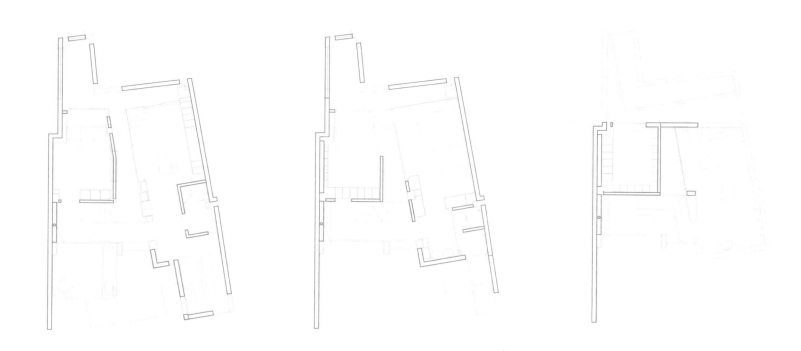

图书在版编目（CIP）数据

品位大宅 ：中国高端住宅设计手册 / 陈卫新编 ． —
沈阳 ：辽宁科学技术出版社，2021.3
　　ISBN 978-7-5591-1956-8

　Ⅰ．①品… 　Ⅱ．①陈… 　Ⅲ．①住宅－室内装饰设
计－手册 　Ⅳ．① TU241-62

　中国版本图书馆 CIP 数据核字（2021）第 023317 号

出版发行：辽宁科学技术出版社
　　　　　（地址：沈阳市和平区十一纬路 25 号 邮编：110003）
印 刷 者：广东省博罗县园洲勤达印务有限公司
经 销 者：各地新华书店
幅面尺寸：240 毫米 ×330 毫米
印 　张：40
插 　页：4
字 　数：400 千字
出版时间：2021 年 3 月第 1 版
印刷时间：2021 年 3 月第 1 次印刷
责任编辑：杜丙旭 关木子
特约编辑：李 　娜
封面设计：关木子
版式设计：关木子
责任校对：韩欣桐

书 　　号：ISBN 978-7-5591-1956-8
定 　价：358.00 元

联系电话：024-23284360
邮购热线：024-23284502
http://www.lnkj.com.cn